1. 普通拌料机
2. 自走式拌料机
3. 装袋机

4. 木制接种箱
5. 超净接种箱
6. 钢板结构灭菌灶

1. 玉米芯处理　　　4. 装袋

2. 木屑过筛　　　　5. 上灶

3. 拌料　　　　　　6. 封灶

1. 上压灭菌
2. 接种
3. 烤种

4. 发菌棚消毒杀菌
5. 墙式堆码发菌
6. 单列夹袋式耳棚

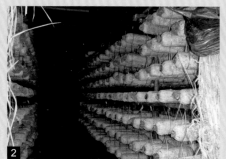

1. 双列夹袋式耳棚
2. 吊带式耳棚
3. 立柱式耳棚
4. 耳基
5. 层架式耳棚出耳
6. 福建漳州白背木耳出耳

毛木耳
优质生产技术

MAOMUER YOUZHI SHENGCHAN JISHU

黄忠乾　主编

中国科学技术出版社
·北　京·

图书在版编目（CIP）数据

毛木耳优质生产技术 / 黄忠乾主编 . —北京：
中国科学技术出版社，2018.7（2023.11 重印）
ISBN 978-7-5046-8022-8

Ⅰ. ①毛… Ⅱ. ①黄… Ⅲ. ①木耳—蔬菜园艺
Ⅳ. ① S646.6

中国版本图书馆 CIP 数据核字（2018）第 074558 号

策划编辑	张海莲　乌日娜
责任编辑	王绍昱
装帧设计	中文天地
责任校对	焦　宁
责任印制	马宇晨

出　　版	中国科学技术出版社
发　　行	中国科学技术出版社有限公司发行部
地　　址	北京市海淀区中关村南大街16号
邮　　编	100081
发行电话	010-62173865
传　　真	010-62173081
网　　址	http://www.cspbooks.com.cn

开　　本	889mm×1194mm　1/32
字　　数	125千字
印　　张	5
彩　　页	4
版　　次	2018年7月第1版
印　　次	2023年11月第2次印刷
印　　刷	北京长宁印刷有限公司
书　　号	ISBN 978-7-5046-8022-8 / S·730
定　　价	22.00元

本书编委会

主　编

黄忠乾

副主编

李小林　苗人云

编著者

叶　雷　谭　昊　陈　诚　贾定洪
周　洁　冯仁才　张文平　戴怀斌
王　波　谭　伟　彭卫红　甘炳成

Preface 前言

　　毛木耳，又叫粗木耳、大木耳、厚木耳、沙耳等，是一种天然的食药用大型真菌，富含多糖、蛋白质、粗纤维、多种维生素和矿质元素，含有 17 种氨基酸，包括人体必需的 8 种氨基酸。具有清肺益气、滋阴强阳、补血活血、止血镇痛、治疗痔疮、抗凝血、降血脂、抗血栓、抗氧化、提高免疫力及抗肿瘤等营养和保健功能，是优良的食药用菌资源。我国四川、河南、福建、河北、山西、黑龙江、江苏、安徽等地及东南亚一些国家和地区广泛种植，已成为各地耳农增加经济收入的重要途径之一。

　　然而，由于我国毛木耳生产主要以农民为生产主体，机械化程度和栽培技术含量低，常导致毛木耳产品质量较差或者产量不稳定，严重影响了经济效益和生产积极性。笔者根据毛木耳先进科研成果和食用菌行业生产技术最新标准，结合国家食品安全相关技术规程，总结生产实践经验，并查阅参考大量相关科技文献，编写了《毛木耳优质生产技术》一书。本书从轻简化生产角度，为广大耳农提供毛木耳优质高产生产实用技术，为基层农业技术推广人员提供规范性技术指南。内容包括：毛木耳生产现状与存在问题，毛木耳栽培的生物学基础，毛木耳适栽区域和主栽品种，毛木耳制种技术，毛木耳优质高效栽培技术，毛木耳病虫害绿色防控技术，毛木耳采收与加工技术等。全书内容丰富，技术新颖规范，科学性和可操作性强，实用价值高，适合广大毛木耳种植者和基层农业技术推广人员阅读，也可供农林院校和食用菌职业技术院校相关专业师生、涉农安全生产管理部门人员参考。

本书在编写和出版过程中，得到了国家现代农业产业技术体系四川食用菌创新团队、四川省农业科学院土壤肥料研究所及四川金地菌类有限责任公司的有关领导、专家与同仁们的大力支持；得到了四川省食用菌科技示范县的食用菌企业、农民专业合作社和生产大户的积极协助；同时，书中参考了国内外多位食用菌专家的科技成果和论文，在此一并致谢！

因笔者水平和能力所限，书中难免有不当和疏漏之处，敬请广大读者和同行专家批评指正！

四川省农业科学院土壤肥料研究所　黄忠乾

Contents 目 录

第一章
概　述

　　毛木耳又叫粗木耳、大木耳、黄背木耳、厚木耳、沙耳、猪耳、木耳菇、土木耳等。我国是世界上最早发现、认识和利用毛木耳的国家，也是当前生产和出口量最大的国家。毛木耳富含多糖、氨基酸、蛋白质、粗纤维、多种维生素和无机盐，其子实体呈胶质状，耳片厚实，质地脆滑，清新爽口，因风味如海蜇皮，故有"树上蜇皮"之美称。据《新华本草纲要》记载，毛木耳性甘、平，有补气益智、润肺补脑、活血止血之功效；近代医学者还发现毛木耳还具有清肺益气、滋阴强阳、治疗痔疮、抗凝血、降血脂、抗血栓、抗氧化、提高免疫力及抗肿瘤等营养保健功能，是优良的食药用菌资源，广泛应用于保健、医疗、食品等多个行业。

一、毛木耳起源和分布

　　毛木耳原产于热带和亚热带地区，由于人类活动的影响目前在全球温带、亚热带和热带地区均有分布，除了亚洲，在南美洲和北美洲也大量存在。据前人报道，中国绝大部分地区均有分布，主要生长在各种阔叶树倒木和腐朽木上。野生毛木耳的生长寄主随环境和气候的不同而有很大区别。例如，在菲律宾吕宋岛野生毛木耳主要在椰子、芒果、雨树和橡胶等树的腐木上生长，

在西印度群岛野生毛木耳主要生长于桃花心木的腐朽木上，在我国野生毛木耳主要生长于栎树、柳树、桑、臭椿、梧桐、锥栗、栲、樟、柿、胡桃、乌桕等树的腐朽木上。

二、毛木耳生产现状

（一）毛木耳发展状况

我国毛木耳人工栽培始于 20 世纪 70 年代末 80 年代初，现在全国已有多个地区进行大规模栽培，遍布四川、山东、福建、广西、江苏、江西、湖南、安徽、吉林、黑龙江、河北、山西、河南等地。

四川省于 1981 年从我国台湾地区引进黄背木耳菌株，随后在什邡、中江、金堂和简阳等地得到迅速发展。我国人工栽培的毛木耳主要有两大类：一是黄背木耳，主要在四川、江苏、山东和河南等地；二是白背木耳，主要在福建省漳州等地。2013 年全国毛木耳产量为 130.87 万吨，以四川、山东、福建等地产量最大，占全国总产量的 84.33%。2014 年产量排名前 5 位的是四川、山东、福建、江苏和广西。2015 年全国毛木耳产量为 182.58 万吨，四川、山东和福建等地占全国总产量的 83.8%，其中四川省占全国总产量的 52.9%。另据中国食用菌协会统计，近年来四川省毛木耳总产量在香菇、平菇、双孢蘑菇、金针菇、黑木耳、毛木耳、银耳、鸡腿菇、杏鲍菇、姬菇等食用菌品种排名中稳居第一位；我国是毛木耳产品消费大国，据统计 2014 年国内消费量达 136 万吨。同时，据中国产业信息网发布的《2015—2020 年中国木耳市场评估及投资前景评估报告》预测，至 2020 年全国毛木耳年消费量可达 185 万吨，而事实上根据中国食用菌协会统计报告显示，2015 年我国毛木耳产量和消费量已经接近这个数值。

（二）生产经营与栽培方式

1. 生产经营方式　目前，我国毛木耳生产的主体仍然是各地农民，其生产模式属于典型的"农户分散生产模式"，耳农自产自销。以四川省什邡市湔氏镇为例，耳农从自制栽培菌种、栽培料袋生产、发菌、出耳管理、耳片采收，一直到鲜耳（干耳）产品销售等全部过程均是一家一户独立完成。其特点是生产设备简陋、单位生产规模小，缺点是凭经验生产，导致产量和质量难以稳定；优点是生产成本低（栽培原料就地取材、不计人工费用、直销上市）、利润空间大。

2. 栽培方式　我国幅员辽阔，规模化、商业化栽培毛木耳的地域众多，科技人员和耳农们根据当地原材料来源和气候特点，创建出多种毛木耳栽培模式。大多毛木耳品种均可采用袋栽和段木栽培，出耳方式多种多样，有堆码式、墙式层架、吊袋、井字架、夹袋等。

三、毛木耳生产中存在的问题

（一）生产经营

毛木耳产业发展分散且经营无序，主要是以农户自主生产经营为主，有少量食用菌合作社和企业，生产规模整体较小且较为分散，大多农户年生产规模在 5 万袋以下。生产方式原始，劳动效率低，大部分生产主体以手工生产为主。整体上缺乏合理资源配置和区域化统一布局，生产者之间缺乏交流与合作，经营随意性较大。生产中，一方面农户及小规模生产主体种植技术参差不齐，导致产品产量和质量难以保证；另一方面，由于缺乏整体宏观调控，生产规模一旦扩大，同类品种产量急剧增加，其销售问题随之凸显。

（二）基础研究

目前，我国毛木耳基础研究薄弱，品种更新换代慢，几乎为农户分散生产模式。菌种一般自繁自用，菌种场地设施简陋、装备低下、技术力量薄弱，凭经验作坊式生产，菌种质量总体不高且差异较大。从 2007 年开始，主要采用苏毛 3 号、Au2、琥珀木耳、黄耳 10 号、781 和上海 1 号等老式品种，这些品种已使用 20 余年，出现了品种退化、产量低、抗病性差等问题。不仅如此，我国毛木耳品种名称也极为混乱，同种异名、同名异种、同株异名、同名异株现象非常严重，严重影响生产。由于受种质资源限制，毛木耳亲本选择范围狭窄、遗传背景差异小等问题也给菌种的更新换代带来了困难。

（三）原料和环境

在毛木耳生产过程中存在栽培原料来源不清、栽培环境缺乏保护等问题。很多耳农为了追逐低成本，实现利益最大化，忽视栽培原料的来源，甚至购买含有重金属、污染杂菌、农药残留超标的原料，为毛木耳产品质量安全带来了严重的隐患。也有一些耳农缺乏对生产场地环境卫生的重视，往往生产场地内部堆满杂物，生产材料、设备等随处乱扔乱放，生产期间污染杂菌的菌袋和出耳后的废菌袋未及时清理或就近扔弃。生产场地外部杂草丛生，任由动物自由出入生产场地。事实上，以上这些情况的出现也并非是耳农有意为之，而是由于不懂得毛木耳安全生产技术和不重视产品质量安全问题所致。

（四）生产技术

由于缺乏生产技术，产品质量和产量不稳定。通过调研，笔者发现不少耳农并没有进行过系统的学习，基本上是通过模仿别人的经验进行种植，在实际生产过程中遇到问题往往不知所措、束手无策。国家食用菌产业技术体系毛木耳和药用菌栽培岗位及四川创新团队栽培岗位虽然已形成一套毛木耳精准化栽培技术体系，但很多耳农接受新鲜事物意识较差，过度自信于自身的经验。由于没有真正掌握相关核心技术就投入生产，最后导致产量和质量不稳定、生产效益低。

（五）精深加工

毛木耳精深加工方面，目前存在产品老套、缺乏精深加工等问题。市场上的毛木耳制品主要为鲜品和干制品两种常规产品，适宜于家庭、餐馆、宾馆和饭店的厨房烹饪餐桌菜肴，属于传统初级产品，缺乏高端产品和高附加值产品，甚至连速冻产品、罐头、方便食品等产品也较为缺乏，消费者购买时没有更多的选择，不利于顾客增量消费。随着人们健康意识的加强，市场对毛木耳饮料、毛木耳即食食品、毛木耳减肥产品、毛木耳多糖及毛木耳钙片等毛木耳精深加工产品的需求逐渐增强。

（六）品牌和市场

我国毛木耳消费总量和生产规模已经很大，但其知名度和影响力却较其他食用菌相差极大，存在品牌意识不强、市场知名度低等问题。其原因：一是政府重视不足，没有好好利用现有资源打造品牌。二是没有形成与其他行业的良性互动。在这方面比较成功的是云南省，将野生食用菌文化与旅游要素紧密结合，利用食用菌餐饮业带动旅游消费，旅游业的兴盛又促进食用菌的需求。三是毛木耳品质监管缺位，品质安全得不到保障，如毛木耳干品中掺杂菌渣、坏耳等，很难进入国际市场。四是地区毛木耳品牌宣传推介力度不够，缺少宣传载体，缺少知名品牌，缺少大型贸易洽谈会和展销会。

第二章
毛木耳生物学特性

一、分类与形态

（一）分类地位

毛木耳（*Auricularia cornea* Ehrenb.）的分类地位隶属于菌物界（Fungi），担子菌门（Basidiomycota），伞菌纲（Agaricomycetes），木耳目（Auriculariales），木耳科（Auriculariaceae），木耳属（*Auricularia*），毛木耳种（*Auricularia cornea* Ehrenb.）。同物异名有 *Auricularia polytricha*（Mont.）；Sacc.；*Auricularia auricular-judae* var.*polytricha*（Mont.）Rick；*Exidia polytricha*（Mont.）；*Hirneola polytricha*（Mont.）Fr. 等。

（二）形态特征

毛木耳实体为 1 年生，胶质，单生或丛生。初期为杯状，逐渐变为耳形、圆盘形或不规则形，较软，黄色至紫灰色。耳盘初期一般直径 0.95～2.5 厘米，厚度 0.3～1.2 毫米；成熟期直径 10～35 厘米，厚度 3～5 毫米；干后强烈收缩，厚度 1～2 毫米，无柄，但有明显的基部，基部有皱褶。表面有细小无色茸毛，初期为 104.35～155.49 微米× 6.95～7.36 微米，后期可达 500～600 微米× 4.5～6.5 微米。子实体层面朝下，紫褐色至近黑色，平滑并稍有皱纹，成熟时上面有白色粉状物。担子 3 横隔，4 个小梗，呈棒状。孢子印白色，孢子无色，光滑，弯曲，肾形，10.56～17.64 微米 × 3.68～6.13 微米。

二、毛木耳生活史与栽培周期

（一）生活史

　　毛木耳子实体生长成熟之后，在其腹面会产生成千上万的担孢子，担孢子从子实体弹射出来，条件适宜时担孢子得以萌发，然后生长发育成单核菌丝，不同性的具有亲和力的单核菌丝经过结合形成双核菌丝（这一过程称为质配），双核菌丝不断生长发育，分化形成子实体，子实体成熟以后，又产生大量担孢子，这样一个完整的过程就是毛木耳的生活史（图 2-1）。

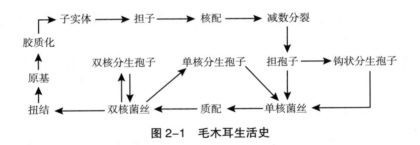

图 2-1　毛木耳生活史

（二）栽培季节与生产周期

　　毛木耳一般 1 年栽培 1 季，由于各地气候条件不同，各生产区的栽培时间有所差异。其中，四川省什邡市一般在 9 月下旬开始制备栽培种，栽培袋生产期安排在 11 月中下旬至翌年 2 月中上旬，3 月中旬至 4 月中下旬气温回升时进行开口出耳；四川省崇州地区一般在 10 月底开始制备栽培种，栽培袋生产期在 12 月下旬至翌年 3 月份，3～4 月份气温回升时进行开口出耳；四川省简阳地区一般在 11 月份开始制备栽培种，栽培袋生产期在 12 月末至翌年 3 月初，4 月份气温回升时进行开口出耳；四川省彭山地区一般在 10 月上旬至 11 月上旬制备栽培种，栽培袋生产期在 12 月上旬至翌年 4 月初，3 月中旬气温回升时进行开口出耳；四川省峨眉地区一般在 11 月上旬至 12 月上旬制备栽培种，栽培袋生产期在翌年 2～4 月份，5 月份进行开口出耳；河南省 10 月中旬至 11 月中旬开始制备栽培种，11 月中下旬至翌年 2 月上中旬为栽培袋生产期，3～4 月份气温回升期时进行开口出耳。

三、生活特性

毛木耳属于典型的木腐性真菌，菌丝体在 5～35℃条件下均能生长，以 20～28℃为最适，长期处于 5℃条件下会休眠，逐渐衰老。菌丝体分解木质素和纤维素的能力很强，通过产生各种酶来分解基质或腐木中的有机大分子成为可以直接吸收的小分子有机物，为本身代谢所有。子实体喜欢在土地肥沃、向阳的死亡阔叶树木发生，其生活条件主要包括营养、温度、水分、空气、光线、酸碱度（pH 值）。

（一）营养条件

毛木耳生长所需营养主要为碳源和氮源。碳素营养是构成细胞结构的物质基础，也是能量供给的主要来源，碳源的主要存在形式是多糖等碳水化合物。毛木耳段木或代料栽培配方中，碳素营养包括纤维素、半纤维素和木质素等大分子物质，以及葡萄糖、蔗糖、麦芽糖等小分子糖类。毛木耳菌丝含有丰富的碳源降解酶，木材及代料中的木质素被氧化酶氧化分解成小分子芳香族化合物，同时使半纤维素和纤维素分子的暴露面更大，更容易被纤维素酶和半纤维素酶分解为可溶性的小分子糖类，被毛木耳菌丝吸收利用。氮源是合成蛋白质和核酸的物质基础，主要是以氨基酸为主的有机氮化物，毛木耳段木或代料栽培中，氮源主要是麦麸、玉米粉、菜籽饼中的大分子蛋白质，需要经酶分解成氨基酸才能被吸收利用。

1. 碳源　毛木耳碳源主要是以糖为主的碳水化合物，如葡萄糖、蔗糖、麦芽糖、纤维素、半纤维素及木质素等，能利用的碳源来源广泛，以葡萄糖和麦芽糖为最优选择。生产中多采用木屑、棉籽壳、玉米芯等作为碳源。木屑不仅能为毛木耳生长发育提供碳素，而且还能在一定程度上改善培养料的通气性。研究表明，在毛木耳常规配方栽培基质中，不同木屑颗粒度对菌丝生长速度和农艺性状无显著差异，但在一定程度上随着木屑颗粒的减小（6.5～9毫米，4.5～6.5毫米，2～4.5毫米，＜2毫米），发菌期污染率和出耳期感病率随之降低，产量和转化率也随之增高。

2. 氮源　毛木耳对氮源的要求不高，可利用多种氮源，加入一定量的氮源便可使菌丝旺盛生长。生产中主要采用麦麸、玉米粉、大豆粉等作为氮源，麦麸的添加量以8%为宜，玉米粉添加量以4%～12%为宜。结合毛木耳自身的特点，生产中以3～4种主料配制成低含氮量（＜1%）、高碳氮比（C/N）60～100∶1的培养料，可降低生产成本，提高品质和产量。研究表明，在以棉籽壳、木屑、玉米芯和米糠为主料的栽培配方中添加4%～12%的麦麸，菌丝生长较快（0.26～0.28厘米/天），出耳期感病率低（17.95%～27.11%），产量可达0.191～0.196千克/袋，转化率可达21.8%～22.3%，栽培效益可达1.97～2元/袋。在配方中添加8%的油菜籽饼效果最好，出耳期感病率低至16.62%，产量可达0.2千克/袋，转化率可达22.84%，栽培效益高达2.15元/袋。研究表明，在配方中添加20%的米糠效果较好，菌丝生长速度可达0.28厘米/天，发菌期污染率降低至0.85%，产量达0.193千克/袋，栽培效益达2.03元/袋。

3. 无机盐　毛木耳生长发育需要量较大的是磷、镁、钾、硫等元素。在生产过程中可加入适量的磷酸二氢钾、氯化钠、硫酸镁、硫酸亚铁、磷酸钙等作为无机营养，以促进菌丝和子实体生长。研究表明，在毛木耳常规配方中添加硫酸镁对毛木耳菌丝生长速度和农艺性状无显著影响，而添加少量硫酸镁（1 000 毫克 / 千克）可在一定程度上降低发菌期污染，较对照（CK）增产4.9%、效益提高 102.22%。但添加硫酸镁过多却会增加发菌期污染，同时还会导致毛木耳产量降低。添加 1 000 毫克 / 千克硫酸钾的栽培基质，较对照出耳期感病率降低 29.98%、增产 14.69%、效益提高 308.15%；添加 250 毫克 / 千克硫酸锰的栽培基质，较对照增产 23.78%、效益提高 502.96%。研究还表明，在常规配方中添加磷酸二氢钾对毛木耳菌丝生长速度没有影响，但会增加发菌期和出耳期污染指数，对其农艺性状影响也不明显，同时添加磷酸二氢钾的产量也明显低于对照。

4. 维生素　添加适量维生素能显著提高毛木耳的生产效率，在毛木耳菌丝生长阶段尤其明显。维生素 B_1 是常见的食用菌维生素添加剂，维生素 C 也能加速毛木耳菌丝生长。生产中常添加米糠、麦麸、玉米面等补充维生素，在把握碳氮比的同时兼顾维生素等生长调节物质，可优化培养条件，提高产量。

（二）生长温度

毛木耳是中温性的腐生真菌，孢子在 15～30℃条件下均能萌发菌丝，其最适温度为 25～35℃。菌丝生长温度为 10～31℃，国家食用菌产业毛木耳和药用菌栽培岗位通过研究发现，菌丝在 18～20℃条件下生长，有利于防控杂菌尤其是油疤病病原菌的生长。毛木耳子实体生长温度条件为 15～33℃，最适温度为 22～28℃。

研究结果表明，高温胁迫对毛木耳菌丝生长有很大影响，常温培养发菌满袋后，分别置于 20℃、25℃、30℃、35℃ 和 40℃

的人工气候箱中培养发菌，30天后出耳试验结果：40℃处理不出耳，35℃处理出耳产量较20℃处理减产25.78%，而单耳片小、薄、轻，品质下降。检测35℃处理的酶活、漆酶、木质素过氧化物酶和锰过氧化物酶较20℃处理分别下降52.17%、8.64%和24.72%，且菌丝变弱、断裂，菌丝分解基质的能力下降。

（三）水 分

水分是毛木耳细胞的主要组成成分，新鲜子实体含水量达90%左右，菌丝体含水量达80%以上。水的另一重要功能是作为媒介溶解环境中的水溶性无机盐和小分子有机物质，使之更容易被毛木耳吸收。因此，毛木耳栽培要特别注意保持基质中的含水量，培养料含水量一般为55%～60%，段木含水量一般为35%～40%。

毛木耳不同生长期对环境湿度有不同的要求。发菌期间环境空气相对湿度以65%左右最佳，培养料含水量与环境基本一致，保持平衡，这样培养料中的水分不容易因过分蒸发而失水；出耳管理阶段则需要更高的环境湿度，一般要求空气相对湿度保持在90%左右。这是因为毛木耳在子实体形成和增大过程中需要吸收大量的水分，而发菌结束后培养料中的水分被大量消耗，所以在出耳管理期需要直接向栽培袋喷水。

研究表明，转潮时不同时间进行的喷水处理对毛木耳产量和转化率有显著影响，但对出耳期感病率则无显著影响，采摘后当天喷水或第二天喷水不仅有利于毛木耳耳基形成，而且还有利于提高转化率和产量。同时，笔者团队在四川省什邡市湔氏镇首次将微喷灌设施技术应用于毛木耳出耳管理，形成一套完整的毛木耳微喷灌出耳水分管理技术体系，使用工量减少56.14%，总用水量减少27.08%，总用电量减少20.65%，提高了工作效率和水资源利用率，降低了劳动强度和能耗。

（四）酸 碱 度

毛木耳菌丝同子实体生长的最佳 pH 值为 6～7。毛木耳在生长期会向基质中分泌各种酸性代谢产物，从而使基质酸化，进而对菌丝及耳片生长产生抑制作用。因此，在袋料栽培时，常在培养料中添加 1%～4% 碳酸钙，或 2%～4.5% 生石灰进行调节。笔者团队研究结果表明，什邡地区 4% 的石灰用量为最佳，其发菌期污染率降至 0.87%，出耳期感病率降至 15.84%，耳片品质好，产量可达 0.2 千克/袋，转化率可达 19.76%，经济效益非常好。

（五）空 气

毛木耳是好氧型真菌，对生长环境的通风要求很高。特别是在出耳期间，若通风条件不良，环境气体中二氧化碳浓度过高，会导致子实体生长缓慢、畸形，形成珊瑚状子实体。因此，在栽培的各个环节均要保持空气清新，在高温季节和生长旺盛季节，可适当增加通风次数，延长通风时间。

（六）光 照

在毛木耳从菌丝分化成子实体的过程中，光照是最关键的环境因素。毛木耳菌丝阶段光照不是必需的，但是菌丝分化成子实体原基及子实体增大的过程中必须有光照，在一定范围内光照强度与产生的耳芽数量呈正比。根据这个原理，在发菌期间为防止毛木耳在菌丝体长满培养料之前提前形成子实体进行遮光处理，有利于菌丝充分生长和养料充分利用，为以后出耳整齐、质量高打好基础。

笔者团队以遮阳网的遮光率及加盖层数来调节毛木耳出耳期的光照强度，设计了 5 个光照催耳处理，在已覆盖 95% 遮光率的棚内：不覆盖遮阳网、覆盖 75% 遮光率的遮阳网 1 层、覆盖

75%遮光率的遮阳网2层、覆盖95%遮光率的遮阳网1层，覆盖95%遮光率的遮阳网2层，进行比较试验。结果表明：调整出耳光照强度，对产量、转化率及第一潮子实体性状无显著影响，对耳基形成和出耳期感病率有显著影响，其中以覆盖75%遮光率的遮阳网1层，耳基形成早、整齐度高。

第三章
毛木耳生产环境与设施

生产环境和设施对于毛木耳生产十分重要，不仅可以影响产品的安全和质量，还直接影响种植户的经济效益。因此，毛木耳生产的重要条件是良好的生产环境，选择生态系统好、无污染的环境是进行毛木耳生产的前提。毛木耳生产设施直接影响生产效率的提高和劳动成本的降低，简易、高效、便宜的生产设施是种植户的首选。

一、毛木耳对生产环境的要求

毛木耳生产环境是指毛木耳生产场地所在地的外部大环境条件，包括空气、水体、地势等，环境条件质量的优劣直接影响毛木耳产品的质量安全和生产效益。

（一）空气环境

毛木耳产地环境的空气质量要求指标，日平均值：总悬浮颗粒物 ≤ 0.3 毫克·米$^{-3}$，二氧化硫 ≤ 0.15 毫克·米$^{-3}$，氮氧化物 ≤ 0.1 毫克·米$^{-3}$，氟化物 ≤ 7 微克·米$^{-3}$，铅 ≤ 1.5 微克·米$^{-3}$；1 小时平均值（指任何 1 小时的平均浓度值）：二氧化硫 ≤ 0.5 微克·米$^{-3}$，氮氧化物 ≤ 0.15 微克·米$^{-3}$。

（二）生产用水

毛木耳栽培必须使用生活饮用水，要求符合 GB 5749—2006 生活饮用水卫生标准。要求水中不含有病原微生物，水中的污染物和放射性物质不得危害人体健康。水质的常规指标有微生物指标、污染物指标和放射性指标等。

1. 微生物指标要求　根据《生活饮用水卫生标准》（GB 5749—2006）要求，毛木耳生产用水不得检出总大肠菌群（MPN/100 毫升或 CFU/100 毫升）、耐热大肠菌群（MPN/100 毫升或 CFU/100 毫升）和大肠埃希氏菌（MPN/100 毫升或 CFU/100 毫升），并且要求水样中菌落总数（CFU/毫升）值不得超过 100（注：MPN 表示最可能数，CFU 表示菌落形成单位）。当水样检出总大肠菌群时，应进一步检验大肠埃希氏菌或耐热大肠菌群；水样未检出总大肠菌群，则不必检验大肠埃希氏菌或耐热大肠菌群。

2. 污染物指标要求　毛木耳生产用水的水质中污染物要求指标值：浑浊度 ≤ 3 度，不得有异臭和异味，氰化物 ≤ 0.05 毫克·升$^{-1}$，氟化物 ≤ 1 毫克·升$^{-1}$，硝酸盐（以 N 计）≤ 10 毫克·升$^{-1}$，三氯甲烷 ≤ 0.06 毫克·升$^{-1}$，四氯化碳 ≤ 0.002 毫克·升$^{-1}$，砷 ≤ 0.01 毫克·升$^{-1}$，汞 ≤ 0.001 毫克·升$^{-1}$，铬（六价）≤ 0.05 毫克·升$^{-1}$，镉 ≤ 0.005 毫克·升$^{-1}$，铅 ≤ 0.05 毫克·升$^{-1}$，硒 ≤ 0.01 毫克·升$^{-1}$。

3. 放射性指标要求　毛木耳生产用水的放射性指标要求：总 α 放射性指导值 0.5Bq·升$^{-1}$（Bq 为放射性活度的国际单位；放射性活度指放射性核在单位时间内的衰变数），总 β 放射性指导值 1Bq·升$^{-1}$。如果水中放射性指导值超过指导值指标，那么应进行核素分析和评价，判断能否饮用。

（三）生产场地

生产场地本身的环境条件直接影响到毛木耳产品质量安全和

生产效益。生产场地本身的环境条件包括生产场地的位置、地势和卫生条件等。

1. 场地位置　毛木耳生产场地应该选择生态环境良好、无污染的地区，应远离工矿区和公路、铁路干线，避免污染源。生产场地要求5千米以内无工矿企业污染，无电厂、灰场、石灰加工厂、煤矿、印染厂、制革厂、皮毛厂、废弃物货物仓库和畜禽饲养场等；3千米之内无生活垃圾堆放和填埋场、工业固体废弃物和危险废弃物堆放。

2. 场地地势　根据毛木耳生物学特性和病虫害发生发展规律，毛木耳生产场地应选择地势较高、平坦、湿度较小、水源较近、利于通风和排水的位置，这样有利于控制杂菌污染、避免和减少病虫害和旱涝灾害的发生及对生产的影响。

3. 场地卫生　毛木耳生产场地除了应该远离一切产生虫源、粉尘和化学污染物之外，还要求场地的外部和内部应时常保持良好的清洁卫生。对场地的卫生要求：一是随时清除场地周边的杂草、瓦砾和生产、生活垃圾（如废菌渣、污染菌袋）等，不给菌蝇和菌蚊等害虫提供滋生繁殖场所，减少虫害从而减少杀虫剂的使用量。二是随时保持场地内部整洁干净，要求及时清扫堆料场、拌料装袋操作场、灭菌灶及周围、接种室、培养发菌和出耳场所的废弃料、废纸、废膜、污染菌袋、老菌袋等垃圾性废弃杂物，要求场地内部的拌料机、装袋机、接种箱、培养架和出耳架等设施工具排放整齐，而且不能摆放农具、器具和家具等与毛木耳生产无关的器物和杂物，以保持毛木耳生产场地既清洁卫生又美观整洁。

二、毛木耳生产设备与设施

近年来，毛木耳规模化、集约化和工厂化发展较快，但是总体来说我国毛木耳生产仍然是以家庭为单元的小规模分散生产为主，存在设施条件差、标准化、规范化水平低、精准化管理不够等问题。随着我国劳动力成本及国家总体经济水平的提升，传统生产模式将逐步被淘汰，机械化和专业化生产会稳步推进。

（一）拌料设备

传统人工拌料费时费力，生产效率不高。采用机械辅助拌料，既可降低劳动强度，又能使拌料更均匀。建议耳农选用新型户用型自走式拌料机，与常规拌料机械比较，新型拌料机不仅增加了动力系统，拌料时可以自主选择前进和后退，还改进为分料器与拌料器两组拌料部件，使原料充分搅拌。新型拌料机操作更简便，省时省力，成本较低，提高了拌料的均匀性。

（二）装袋（瓶）设备

培养料装袋（瓶）是毛木耳生产过程中不可缺失的步骤，装袋（瓶）的效率和质量直接影响着毛木耳产业整体技术的提升和完善。传统装袋（瓶）由人工完成，费时费力，不利于生产效率的提高。简易装袋（瓶）机具有高效、便宜、省工、省力等优点，与手工装袋和装瓶相比，可显著提高生产效率，也能有效降低用工成本，增加经济效益。

（三）灭菌设备

毛木耳装料后的料袋需要及时进行灭菌，以免杂菌和其他微生物繁殖感染。当前，毛木耳主产区通常采用常压灭菌方式，但由于每个种植户的灭菌灶容量、灭菌能力不同，故灭菌时间长短各异。四川省毛木耳主产区采用船形钢板结构半封闭式灭菌器效果良好，容量为1 800袋/锅时，排放冷气后锅内温度达100℃计时持续灭菌14小时即可（若容量增加则灭菌时间相应增加）。有条件的可采用更科学的灭菌室或灭菌柜，其具有节省劳力、节约用煤、灭菌彻底、降本增效等优点，但一次性成本较高。

（四）接种设备

可以设立专门的接种室，按照无菌室标准建设，要求有适当的放置料瓶或料袋空间、室内洁净、较为干燥、易封闭但又易散热，配套紫外线灯和照明灯，必要时外设缓冲间、内安推拉门，以避免操作人员进出空气流动导致杂菌污染。小规模菌袋生产和菌种生产，可将冷却室和接种室合二为一，使之同时具备冷却和接种用途。

1. 紫外线灭菌灯　指用来产生紫外线的装置。选用短波紫外线波长 2650 Å（ 1 Å = 10^{-10} 米 = 0.1 纳米 ）的紫外线灭菌灯。安装在接种箱和接种室内，用于杀灭空气和物体表面的杂菌。一般 10～30 米^2 的房间需 30 瓦紫外线灯 1 支，照射 30 分钟后即可达到灭菌效果。照射时挂上黑色窗帘遮光 30 分钟杀菌效果较好，可避免紫外线的光伏效应，还可防止紫外线灯产生的臭氧危害人体健康。

2. 臭氧发生器　指用来制取臭氧气体的装置。将臭氧排气管挂在 1.7 米以上高度，排放臭氧 20～30 分钟，即可有效去除室内烟尘或悬浮微生物。空间杀菌建议浓度 10～20 毫克·米$^{-3}$；接种人员手、衣服和接种器械的臭氧和臭氧水的消毒灭菌，建议浓度为 30～40 毫克·米$^{-3}$ 和 4～7 毫克·升$^{-1}$。

3. 接种箱　接种箱又称无菌箱，是一个可以密闭的木质箱子或有机玻璃箱子。在箱中做消毒处理后，箱内成为无菌空间环境，用于菌种的移植或转接，避免杂菌污染料瓶和料袋。四川省毛木耳生产多采用木制接种箱，优点是一次性投入成本低、消毒杀菌效果好；缺点是需采用高锰酸钾或甲醛熏蒸进行箱内消毒杀菌，不仅危害操作人员的健康，还会增加毛木耳菌丝和子实体的甲醛含量，致使毛木耳产品质量安全风险增高。

4. 超净工作台　超净工作台又称净化工作台，是提供局部无尘无菌工作环境的空气净化设备。其原理是通过高效滤器将流动空气中尘埃和微生物加以截留滤掉，形成局部无杂菌的洁净环境空间。这个洁净环境用于菌种的移植或转接，可避免杂菌污染料瓶和料袋。其优点是采用物理方法，可避免药剂熏蒸消毒法的危害；缺点是一次性投入较大，无菌效果略差于药剂熏蒸消毒法。

5. 自动接种机　自动接种机是接种过程自动化的机械设备，主要用于栽培菌种料瓶和栽培料瓶的接种，适用于容量750～1 400毫升、平口直径30～75毫米的玻璃瓶和塑料瓶的木屑菌种的接种。全自动接种机的自动化程度比半自动接种机更高，但全自动接种机价格昂贵，大规模菌种生产厂家和工厂化菌种生产可使用全自动接种机。

（五）发菌设备

发菌是指种块萌发出菌丝，菌丝体布满料袋内基质的过程，即培养菌丝体的过程。标准化发菌，要建造标准化养菌室，养菌室应有温度、湿度、通风调控设施。养菌室可很好地调节温度、湿度和氧气浓度，营造和调控出适宜毛木耳菌丝体生长的环境条件，让菌丝体健壮生长。

1. 空气灭菌消毒设备　包括紫外线灭菌灯和臭氧发生器（见接种设备）。

2. 空气调节设备　空气调节设备常简称空调，是在一定空间内保持空气的温度、湿度、洁净度和气流速度在一定范围内变化的调节设备。用于接种室、菌种培养室和出耳室的空气调节。

3. 暖风机　指能够提供比周围环境温度高的热空气的设备，可用于培养室内温度调控。缺点是热风使空气变得干燥，长期使用会使培养基质含水量降低而变干。

4. 增湿机　指将水蒸发产生和输送雾状水的装置，常用于增加发菌室或耳房内空气湿度。

（六）发菌设施

生产中常用家中空闲的房屋，或搭建简易大棚作为毛木耳菌

袋发菌场所，这类闲置的房屋和简易大棚统称为发菌室（棚）。

1. 发菌室　发菌室种类较多，其结构与建造方法不尽相同，但无论采取什么样的耳房，都要求通风、保温、保湿、控光效果好，标准发菌室要求高度不低于 3 米，要有门、窗和抽风筒，以满足定期换气通风要求；应配备紫外线灭菌灯和臭氧发生器等设备，对发菌室进行定期消毒杀菌；增设空调、暖气、暖墙并铺盖草苫等，以调节发菌室温度；配置增湿或除湿设备，以保证发菌室的湿度。

2. 发菌棚　发菌棚多为竹木、遮阳网、草苫、薄膜等较轻便材料搭建的简易大棚，其结构与建造方法也因地制宜、样式多变。毛木耳生产中最常用的是人字形发菌棚，棚长不超过 32 米，棚宽不超过 10 米，棚中高 3.5～4 米，棚边高 1.3～1.8 米，棚顶和棚侧用薄膜、遮阳网或草苫等覆盖（棚两侧为活动式覆盖，便于通风换气），要求既能遮雨避风避光，又能保温保湿通风。

（七）出耳设施

出耳棚即供毛木耳子实体生长发育的场所，应选在通风良好、向阳、取水方便、水质洁净（符合饮用水质量要求）、周围无污染源、不存水、不下沉、地面平整、进出道路方便的地方建造。根据棚架外观可分为八字形耳棚、平形耳棚、人字形耳棚和拱形耳棚等，根据棚内层架设施不同又可分为层架式耳棚、夹袋式耳棚、吊带式耳棚和立柱形耳棚等，根据搭建材料不同可分为竹木耳棚和钢架（混）耳棚。

1. 八字形层架钢构耳棚　八字形层架钢构耳棚是笔者团队数年研究集成的，是目前最适宜毛木耳子实生长发育的耳棚，为棚架和层架分体式耳棚，其具体参数如下：

（1）棚架材料　①主立柱，镀锌方管 80～100 毫米×80～100 毫米×1.5～2 毫米；②环梁，镀锌矩管 40 毫米×60 毫米×1 毫米；③层架，镀锌圆管 20 毫米×2 毫米；④黑白反光膜，厚度0.08毫米；⑤遮阳网（黑色或绿色），遮光率75%或95%；⑥其他配件，包括卡槽、卡簧、螺丝、卷膜器、卷膜管、无动力换气扇、压膜绳、托膜线等。

（2）**棚架横切面结构** 一般要求为南北走向，棚跨度15.6米，中部高5.5米，边高3.5米，斜面与水平线夹角约18°，中过道宽2米，过道两边宽均为6.8米，中过道门高2.5米、宽2米，两端卡槽高3.5米。

具体构造：包括两排中间柱和两排位于中间柱两侧且与中间柱平行的边柱；中立柱长6米，嵌入地下0.5米；边立柱长4米，嵌入地下0.5米；边立柱距中立柱6.8米，两中立柱相距2米，两边立柱相距15.6米；在相应的中间柱与边柱的顶端用40毫米×60毫米×1毫米镀锌矩管连接成斜梁，所有斜梁在棚架两侧形成两个倾斜的棚顶斜面，斜面与水平线夹角约18°；两中立柱顶端采用与主立柱相同材料焊接固定，在棚两端高3.5米处安装卡槽（图3-1）。

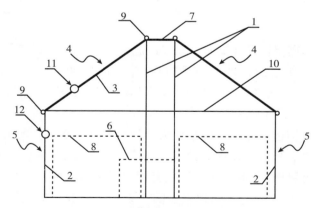

图3-1 八字形层架钢构耳棚横切面图

1. 中间柱 2. 边柱 3. 斜梁 4. 棚顶塑料膜层 5. 棚侧塑料膜层
6. 活动门 7. 顶部梁 8. 层架 9. 卷膜器 10. 环梁
11. 斜侧区域 12. 棚侧区域

（3）**棚架纵侧面**　　每排立柱纵向相距 4 米，卡槽高 2.5 米，棚顶每隔 10 米安装一个无动力自排风扇。

具体构造：立柱排数以棚架长度而定，两排立柱相距 4 米，卡槽高 2.5 米，搭建无动力自排风扇，以中立柱间横梁为支撑（图 3-2）。

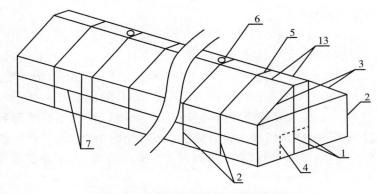

图 3-2　八字形层架钢构耳棚纵侧面图

1. 中间柱　2. 边柱　3. 斜梁　4. 活动门　5. 顶部梁　6. 换气风扇　7. 环梁

（4）**棚架内层架横面**　　以中过道为界，左右各 1 列层架，中间侧紧靠中过道，外侧距棚边 0.8 米，层架高 2.2 米、长 6 米、宽 0.2 米，分为 3～4 格 9 层，每格相距 1.5～2 米，每层相距 0.2 米，第一层距地面 0.4 米。

具体构造：层架立柱格局为 2 列×4 排×9 层，采用直径 2 厘米、厚 2 毫米的镀锌圆管搭建，其中立柱长 2.7 米、嵌入地下 0.5 米，横杆长 6 米、两端用配套塑料帽扣紧，横杆与立柱连接处用 U 形螺栓固定，两列立柱间于第一、第五、第九层使用长 20 厘米的镀锌圆管固定（图 3-3）。

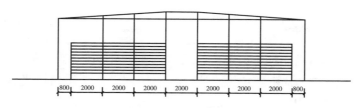

图3-3　棚架内层架横面图　（单位：毫米）

（5）**棚架内层架俯视平面结构**　层架数以棚长度而定，第一排和最后一排距大棚两端均为1米，其他两排间相距0.9～1米（图3-4）。

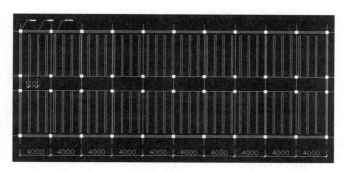

图3-4　棚架内层架俯视平面图　（单位：毫米）

（6）**表面覆盖**　棚两端横侧面覆盖1层黑白反光膜；棚两侧覆盖1层遮光率95%的黑色遮阳网＋1层黑白反光膜；棚顶斜面由下至上分别为2层遮光率75%的黑色遮阳网＋1层遮光率75%的绿色遮阳网＋1层黑白反光膜；棚顶（2米平顶）由下至上分别覆盖2层遮光率75%的黑色遮阳网＋1层遮光率75%的绿色遮阳网，或1层遮光率95%的黑色遮阳网＋1层遮光率75%的绿色遮阳网。

搭建：棚两端横侧面黑白反光膜直接固定；棚顶斜面先以横梁、环梁为支架，用托膜绳以0.5米间距编织成网，同时固定

2 层黑色遮阳网＋1 层绿色遮阳网（不分离），再用压膜绳压实（每 4 米 1 根），最后铺上 1 层黑白反光膜（配套卷膜器）；棚两侧用悬挂滑槽悬挂 1 层黑色遮阳网，遮阳网每段 8 米，最外层覆盖 1 层黑白反光膜（配套卷膜器），使用卡槽于黑白反光膜 2.5 米高处进行固定。

（7）配套设备

①无动力自排风换气扇　棚顶（2 米平顶）每隔 8～10 米安装 1 个无动力自排风扇。以中立柱间横梁为支撑进行搭建。

②卷膜器　本棚架将两侧和棚顶斜面黑白反光膜均分为 8 份（20 米 1 份），棚架两端 8 个角分别设置 8 个卷膜器进行控制。

③遮阳网滑槽　棚两侧顶端安装三轨式滑槽，每轨分别悬挂 1 层遮阳网。

④微喷灌　抽水装置采用电力水泵（功率 750～1 100 瓦）；过滤器可根据种植户规模，选用相应的叠片式或网式；主管道用聚氯乙烯（PVC）管；微喷设施为固定式撞击微喷头。

网管布局：两边层架上方均匀悬挂两排微喷管道，管道相距 1.5 米，管道每 3 米处安装 1 个喷头。

（8）该棚的优点　①此棚兼具发菌棚和出耳棚的功能，节约土地和人工。②此棚为层架式发菌，发菌温度均一，不会出现"烧菌"现象，而且可及时清理污染菌袋，以保证菌丝正常生长。③此棚搭建材料及覆盖材料不易腐烂、不易霉变、不易生虫，不仅降低了发菌期和出耳期污染率、感病率，而且材料经久耐用、维修周期长，节约维修成本。④此棚空间结构科学合理，通风良好。耳棚空间大，层架间隙充分，空气畅通，解决了棚内二氧化碳浓度过高、温湿度不均匀等问题；层架距离棚顶、棚边间隙充分，菌袋不受热传递影响，耳片不易过干；层架底层距地面较高，可避免底层木耳长期处于高湿状态而导致生长受阻、品质下降及病虫害发生等问题；棚顶为八字形倾斜状，雨水（污水）不会直接滴落至菌袋或耳片，降低了菌袋、耳片的病害风险；若长期降雨，可保证耳片在正常湿度环境中生长，不会出现流耳、烂耳等情况，大大保障了木耳的品质和产量。⑤此棚可根据需要调节黑白反光膜和遮阳网，实现了灵活调节棚内光照、温度和湿度的目的，为毛木耳正常生长提供了理想环境。⑥此棚使用的卷膜器、遮阳网、滑槽更利于人工优化管理；棚内走道宽敞，便于人工上下架、开口、采摘等操作。⑦此棚配套的微喷灌系统，省工省时、节能节水、喷洒均匀、干湿均一、喷水效果好，而且喷水时人员不用进入棚内操作，可避免患长期高湿工作环境下的相关疾病。⑧此棚不仅可提前出耳，还能延长出耳期，使菌袋内营养成分消耗充分，提高产量和转化率。⑨此棚规范、整洁，保证了毛木耳生产环境安全。⑩用此棚生产毛木耳，发菌期污染率较现有技术降低 1%，出耳期感病率降低 15% 以上，畸形耳发生率降低 20% 以上，产量提高 0.025 千克 / 袋，人工成本降低 0.23 元 / 袋，综合效益提高近 1 元 / 袋（表 3-1）。

表 3-1　新型毛木耳棚架及管理方法成效

参考项	旧式棚架及其管理方法	新型棚架及其管理方法	成　效
发菌期污染率（%）	3%	2%	降低 1%
出耳期感病率（%）	25%	<10%	降低 15%
畸形耳发生率（%）	>20%	<1%	降低 20% 以上
产量（千克 / 袋）	0.165	0.19	增加 0.025 千克 / 袋
人工成本（元 / 袋）	1.18	0.093	减少 0.23 元 / 袋

（9）**缺点**　此棚较复杂，需要比较专业的团队搭建，一次性投入较高。

2. 平形耳棚

（1）**耳棚结构**　棚顶为平面且与棚边垂直的耳棚统称为平形耳棚，该棚曾经为四川省毛木耳生产采用的主要耳棚，棚架和出耳架分体式或一体式均可。常规棚高为3米左右（建议高度4米以上），高度过低，会导致棚内二氧化碳浓度高且温湿度不均匀，出现畸形耳的概率增加，木耳品质差。高度、立柱排列参数可参照八字形层架钢构耳棚，如采用竹木材料，应相应缩短立柱间距，以保证棚架稳固。棚长和宽以土地情况而定。

（2）**特点**　优点是棚长、棚宽可以随土地情况而定，选址灵活，搭建方便。缺点是棚顶为平顶，下雨不走水，雨水（污水）易直接落入棚内，增加菌袋污染，如遇长期降雨还会出现流耳、烂耳等情况，严重影响产量；需每年进行维修。

3. 人字形耳棚

（1）**耳棚结构**　人字形耳棚又称为屋脊式耳棚，其与八字形耳棚相似，曾是生产上常用的耳房设施，多为棚架和出耳架一体式棚。常规耳棚宽6～8米（不宜超过10米），长度因地势而异，中部高3.5～4米，两侧高1.6～1.8米（建议高度4米以上，高度、立柱排列参数可参照八字形层架钢构耳棚，如为竹木材料应相应缩短立柱间距，以保证棚架稳固）。用竹竿或其他材料制作棚架，在棚中央直立粗竹竿，高度为3.5～4.5米，相距2米直立1根，在两侧各直立两排立柱，立柱高度依次降低，纵向间距2米直立1根，横向间距1.5～2米直立1根。在顶部纵横交错地捆绑竹竿，使之成为人字形棚架，然后覆盖遮阳网等材料。若将一个一个耳房并排连接，中间不设围栏，这样便可形成一个连体式大型耳房。

（2）**优缺点**　优点是棚顶呈倾斜状，雨水（污水）不会直接滴落至菌袋和耳片，降低了菌袋、耳片发生病害的风险，保障了木耳的品质和产量。缺点是要求土地规整，搭建操作较平棚繁琐。

4. 拱形耳棚

（1）**耳棚结构**　出耳棚中间高、两边低，顶面呈现一定弧度的耳棚统称为拱形耳棚，一般棚中高为3.5～4米，边高3米左右（建议中高4米以上，高度、立柱排列参数可参照八字形层架钢构耳棚），要求地块规整，宽度不宜超过 10 米（宽度越大，搭建难度越大）。

（2）**优缺点**　优点是能快速排除棚顶积水，避免漏水；缺点是要求地块规整，搭建操作较平棚繁琐。

5. 层架式耳棚　棚内供摆放毛木耳菌袋的设施是以竹竿、钢筋或镀锌管等材料搭建成的层架，这类耳棚统称为层架式耳棚。层架式耳棚根据每层放置菌袋层数又可分为单层层架式耳棚和双层层架式耳棚，建议采用单层层架式耳棚。笔者团队数年研究表明，当前毛木耳最优的层架式耳棚构建参数为：棚内层架以棚中为界，与棚长平行分为两列，两列层架间距 2 米，层架距棚边 0.8 米；每列层架分为若干排，排间距为 1.1 米；每排分为 5 格，每格两端即为层架柱点，起到固定和支撑层架的作用，格间距为 1.2 米；每排耳架有 10 层，用于放置菌袋，第一层距地面 0.4 米，层间距 0.2 米，总层高为 2.2 米；每架耳架顶端垂直于耳架方向，每隔 2 米用竹竿捆扎固定，搭建成一栋一栋的耳架。出耳时将菌袋一层一层放于层架上，可采用两头出耳，或两头加腹部中间开口出耳（3 点出耳）。

6. 夹袋式耳棚　以 2 根竖立的竹竿（或镀锌管）为横向支点，菌袋夹与两杆之间出耳的棚架称为夹袋式耳棚，根据所夹菌袋数又可分为单列夹带和双列夹带，常为棚架和层架一体式耳棚。以单列夹袋式耳棚为例，棚内耳架以棚中为界，与棚长平行分为两列，两列层架间距 2 米，耳架距棚边 0.8 米；每列层架分为若干单元排，每单元排又由 2 个单元排耳架组成，两单元排间距 0.6 米，每单元排间距为 1.1 米；每排竖立若干竹竿，竿间距以菌袋直径而定，较菌袋直径略大即可（常为 13～15 厘米）；竹竿底端垫 1～2 块砖，砖上横向放置竹竿并与竖立竹竿捆扎固定，每排竹竿距地 2.2 米处横向用竹竿捆扎固定，形成一架耳架；在每架耳架距地面 2.2 米处垂直于耳架方向每隔 2 米用竹竿捆扎固定，搭建成一栋一栋的耳架。出耳时将菌袋放于两杆之间，一般为 12～15 层，然后间隔一空格再放菌袋，两单元排菌袋可错开放也可以平行放置，常采用两头出耳和两侧开口出耳（4 点或 6 点出耳）。

7. 吊袋式耳棚 吊带式耳棚可分为棚架一体式与棚架分体式，棚架一体式是吊绳拴在大棚主体框架上；棚架分体式是大棚与拴绳的框架分开，棚是棚，架是架。从稳固性的角度，生产中提倡采用棚架分体式的耳棚进行吊袋生产。棚内先搭建框架，框架以棚中为界，与棚长平行分为两列，两列层架间距 2 米，框架距棚边 0.8 米；每列框架高 2～2.2 米、宽 0.8 米，可以吊 2 排菌袋，长度以棚宽而定，框架间距 1.1 米；每个框架由相距 1.5 米的两列若干排立柱和两排横柱（位于立柱顶端和中部）相互捆扎固定而成；垂直于立柱和中横柱交接处，用长 1 米的短杆固定，垂直于立柱和顶端横柱交接处，再用长竹竿将单个框架相连，形成一栋一栋的框架，以增加稳固性。出耳时将菌袋用塑料绳挂于框架横杆上，悬挂时保持菌袋间相距 15～20 厘米，每杆悬吊 7～8 袋。通常采用两头出耳或两侧开口出耳，或两头和腹部开口出耳。

8. 立柱式耳棚 立柱式耳棚又称井字架立柱式耳棚，常为棚架分体式耳棚。以棚中为界，与棚长平行分为两列，两列间距 2 米，每列由若干组立柱组成，每组由 4 根立柱组成，立柱间相距 0.8 米，每组立柱间相距 1.2 米；每根立柱下垫 2～4 块砖，立柱顶端横向和纵向（相距 2 米）用竹竿固定，将一组一组的立柱连接成栋，增加稳固性。出耳时将菌袋围绕立柱以井字形堆码，并用塑料绳固定，一般每架 12～15 层。常采用两头出耳或一侧开口出耳。

9. 钢架（混）耳棚 采用钢筋、镀锌管、水泥柱等材料搭建的耳棚统称为钢架（混）耳棚。优点：材料不易腐、不易霉变、不易生虫；棚内整洁，病虫害少；极少维修，省工省时，长期使用成本低。缺点：一次性投入高。

10. 竹木耳棚 采用竹竿和树木等材料搭建的耳棚统称为竹

木耳棚。优点：一次性投入少。缺点：需经常维修，费工费时耗本；材料易腐、易霉变、易生虫，增加菌袋污染，导致产量下降。

（八）耳棚配套设备

1. 微喷灌设备 微喷灌是利用折射、旋转或辐射式微型喷头均匀喷水的灌溉形式，由微喷头、输水管、过滤器和水泵等组成。可以实现喷水轻简化管理，省力、节水，降低管理用工成本。

2. 排气设备 食用菌生产中使用的排气设备主要有无动力风机、排风扇、排风机和风筒等，目的是排出室内的热气和污浊气体，增加室内新鲜空气，改善室内环境，起到通风换气的效果。毛木耳生产中主要使用无动力风机和排风扇。

（1）无动力风机 利用自然风力及室内外温差造成的空气热对流，推动涡轮旋转从而利用离心力和负压效应将室内不新鲜的热空气排出，促进空气流动，增加室内新鲜空气。该风机不用电，能代替重型电排风机，具有风量大、低成本、无噪声、寿命长、效率高等特点，毛木耳主产区大棚内多使用无动力风机。

（2）排气扇 又称通风扇，由电动机带动风叶旋转驱动气流，使室内外空气交换的一类空气调节电器。根据换气方式分为排出式、吸入式和并用式，生产者可以根据自身需要进行选择。排气扇具有风量大、噪声低、成本低、耗能小、运行平稳、效率高等特点。

3. 灭虫设备 包括防虫网、风能吸入式杀虫灯和诱虫板等。防虫网能够预防苍蝇、蚊子等常见害虫。风能吸入式杀虫灯是利用蚊、蝇等昆虫趋光的原理将其吸引过来，再利用超静音风扇的压力将这些害虫吸入到下部的网罩内风干，从而杀死害虫。诱虫板俗称黄板，利用害虫成虫对颜色的敏感性，引诱害虫黏附于涂有强力胶的胶板上，从而失去行动能力直至死亡。

（九）烘焙设备

毛木耳以销售鲜品和干品为主，鲜品采摘后便可直接送到市

场进行销售，干品则需要进行晾晒或烘焙。晾晒可直接在简易竹架进行，烘焙则需专业的烘焙设备。

（十）其他用具

1. 接种工具　转接毛木耳母种的工具有接种钩、接种锄等。母种转接原种、原种转接栽培种、栽培种转接栽培袋的工具有接种锄、镊子和专业接种器等。这些接种工具和器具在接种作业前需用酒精火焰灼烧或高压蒸汽灭菌处理，使其在接种时处于无杂菌状态。

2. 其他用品

（1）**pH 试纸**　pH 试纸是检验溶液酸碱度的"尺子"，商场有现成的试纸出售，将试纸的颜色变化与标准比色卡比对就可知道溶液的酸碱度，十分方便。生产中建议使用广谱型 pH 试纸，测量范围为 $1 \sim 14$。

（2）**酒精灯与酒精棉球**　酒精灯是以酒精为燃料的加热工具，它的加热温度可达 $400 \sim 1\,000\,℃$ 及以上，通过对器械的灼烧达到灭菌的目的，安全可靠，广泛用于实验室、工厂、医疗、科研等，生产中常用玻璃或铜质材料的坐式酒精喷灯。酒精棉球是由经灭菌处理的脱脂棉球吸取 75% 酒精溶液制成，用于对接种工具和接种人员手进行消毒。

（3）**温湿度计**　用来测定环境温度和湿度。悬挂于培养室和耳房内，用于观测室内环境的温度和湿度。

（4）**运输工具**　用于栽培材料或菌袋转运的工具，包括三轮车、叉车、独轮车等。

此外，还有盛装菌种培养基和栽培料的容器，如试管、玻璃瓶、塑料瓶和塑料袋等；试管和玻璃瓶的塞子，如棉塞和塑料塞；塑料袋及配有颈圈套环和捆扎用的橡胶圈等；还有手工装袋铲、菌袋封口的封口架及清扫工具、喷药工具等。

第四章
毛木耳适栽区域与主栽品种

一、毛木耳适栽区域

毛木耳为中偏高温型真菌，喜温暖、潮湿的地方，光照在100勒以上（白背木耳在40～500勒），耳片厚、颜色深、茸毛长。适宜在海拔500～1 000米，地面有短草、空气流通、云雾多、冬暖夏凉的半高山地区生长。我国毛木耳栽培区域主要有吉林、黑龙江、河北、山西、河南、四川、安徽、福建等地。由于各地气候条件和栽培目的不同，对毛木耳品种的要求也不同；而且不同品种适宜生长温度也不同，其菌丝和子实体能够耐受的高温和低温也有较大差异。毛木耳优异种质资源一般按品种推广范围和品种审定等级进行分类，可分为国家审定品种和地方审定品种。目前，栽培使用较多的毛木耳品种主要有 Au2、毛木耳 AP4、川耳 10 号、川耳 7 号、川耳 1 号、苏毛 3 号（毛木耳 8903）、川毛木耳 8 号、川琥珀木耳 1 号、黄耳 10 号、川耳 4 号、川耳 5 号等。此外，还有一些特色品种。按照耳片颜色划分有紫红色的毛木耳 8 号，紫黑色的川琥珀木耳 1 号，紫褐色的黄耳 10 号，红褐色的川耳 4 号，白色系的川耳 6 号、玉木耳 1 号、川白耳 2 号等；还有耳片颜色随光照等环境变化的品系，如光敏感型毛木耳新品种川耳 5 号等。

二、主栽品种介绍

（一）国家级审定品种

1. Au2（国品认菌 2008019）

（1）**选育单位** 广东省微生物研究所。

（2）**品种来源** 封开野生菌株。

（3）**特征特性** 子实体单生或丛生，朵型大，肉质厚，背部白色，茸毛短。鲜耳或干耳复水后质地柔软，口感接近于黑木耳，不粗糙。菌株适应性广，菌丝生长温度范围为 15～30℃。全生长期约 180 天，生产性状稳定，抗逆性强，产量高。适于段木及代料栽培。

（4）**产量表现** 段木栽培生物学效率 25%～31%，代料袋栽生物学效率 70%～76%。

（5）**栽培技术要点** 培养料配方为木屑 78%、麦麸 20%、糖 1%、石膏粉 0.5%、过磷酸钙 0.5%；栽培季节为每年 10 月份至翌年 5 月份，适宜温度 20～28℃，空气相对湿度为 80%～90%；栽培时空气相对湿度范围 70%～98%；菌丝生长期不需要光照，出耳期光照强度可在 50～600 勒，出耳期要求空气中二氧化碳（CO_2）浓度为 300～500 微升 / 升，pH 值为 5.5～7.2。

（6）**适宜地区** 适宜在广东、广西、江西、海南等地进行秋、冬、春三季栽培。

2. 毛木耳 AP4（国品认菌 2007030）

（1）**选育单位** 上海市农业科学院食用菌研究所。

（2）**品种来源** 国外引进品种，常规定向选育而成。

（3）**省级审（认）定情况** 2004 年上海市农作物品种审定委员会审定。

（4）**特征特性** 子实体呈盘状至耳状，幼时为杯状，成熟时耳片直径 12～18 厘米，腹面紫灰色至黑褐色。菌丝生长温度范围为 5～35℃，在 25～28℃条件下 50 天左右菌丝长满袋。新鲜子实体黑褐色，有弹性。抗杂菌能力较强。

（5）**产量表现** 生物总效率 100％以上。

（6）**栽培技术要点** 南方地区 2 月份制种，4～5 月份出耳；北方地区 3 月份制种，5～6 月份出耳。菌丝体长满袋后搬到出耳房进行消毒开洞，温度保持 22～30℃，空气相对湿度保持85％以上。开洞后的菌袋倒置于床架上，7 天后开洞处出现小耳芽时，可直接向袋上喷水，条件适宜 15 天即可发育成熟。

（7）**适宜地区** 适宜在安徽、湖南、湖北、河南、河北、江苏和浙江等地栽培。

3. 川耳 10 号（国品认菌 2007031）

（1）**选育单位** 四川省农业科学院土壤肥料研究所。

（2）**品种来源** 亲本为野生木耳和恒达 2 号，单核原生质体杂交育成。

（3）**省级审（认）定情况** 2005 年四川省农作物品种审定委员会审定。

（4）**特征特性** 子实体单生或聚生，耳片呈不规则形或盘状，直径 10～15 厘米，表面有少量棱脊，紫红褐色至深褐色。无柄，有明显基部，背面有短细茸毛。质地柔软，口感脆滑，无明显气味。菌丝在 5～36℃条件下均可生长，最适温度为 26～28℃。子实体形成不需温差刺激，最适温度为 22～32℃。

（5）**产量表现** 袋料栽培条件下，生物学效率可达 95％。

（6）**栽培技术要点** 一般在春节前后生产菌袋，发菌初期温度保持 25～28℃，菌丝定植后温度保持 22℃左右，暗光培养。菌丝满袋后再培养 5～7 天，开始出现胶质状耳基时，菌袋即达到生理成熟，温度保持 20～35℃，空气相对湿度保持 90％左右。早、晚适当通风，需要较强的散射光照。

（7）**适宜地区** 适宜在四川省及相似生态条件地区栽培。

4. 川耳 7 号（国品认菌 2007032）

（1）**选育单位** 四川省农业科学院土壤肥料研究所。

（2）**品种来源** 亲本为黄耳 10 号和毛木耳 781，单孢杂交育成。

（3）**省级审（认）定情况** 2003 年四川省农作物品种审定委员会审定。

（4）**特征特性** 子实体单生或聚生，鸡冠花状，耳片紫红色，直径 15～20 厘米、厚 0.18～0.2 厘米，腹面有少量棱脊，背面茸毛中等长，口感滑嫩，无明显气味。发菌期约 40 天，栽培周期约 180 天。原基形成不需要温差刺激，菌丝耐受温度为 1～37℃；子实体可耐受温度为 10～35℃。耳潮明显，间隔期 20 天左右。

（5）**产量表现** 袋料栽培条件下，生物学效率 95%。

（6）**栽培技术要点** 南方地区 2～3 月份接种，北方地区 3～4 月份接种。发菌适宜温度 22～26℃，要求通风良好、弱光照或黑暗，无后熟期，菌丝长满袋后即可开口出耳。催耳温度 20～30℃，空气相对湿度 80%～90%，通风良好，光照强度 50～100 勒；出耳期温度 22～30℃，干湿交替，光线明亮或者弱光照，保持通风良好。采收一潮耳后，停水 5～7 天，待耳芽形成后进入二潮耳管理。

（7）**适宜地区** 适宜在四川省及相似生态条件地区栽培。

5. 川耳 1 号（国品认菌 2007033）

（1）**选育单位** 四川省农业科学院土壤肥料研究所。

（2）**品种来源** 亲本为大光木耳和紫木耳，单孢杂交育成。

（3）**省级审（认）定情况** 2003 年四川省农作物品种审定委员会审定。

（4）**特征特性** 子实体聚生，耳呈盘状，紫红褐色至深褐色，直径范围为 15～18 厘米。无柄，但有明显耳基，背面茸毛短、细且密；腹面下凹，子实体致密程度中等，柔软，无明显气味。菌丝生长温度为 5～36℃，子实体形成温度为 26～32℃。子实体形成不需变温刺激，耳潮间隔期 20 天左右。

（5）**产量表现** 袋料栽培条件下，生物学效率 100%。

（6）**栽培技术要点** 一般在春节前后生产菌袋，发菌初期温度 25～28℃，定植后保持室温 22℃左右，暗光培养。菌丝长满后，后熟培养 5～7 天，胶质状耳基出现是菌袋生理成熟的标志，温度保持 24～28℃，空气相对湿度保持 90%左右，给予较强的散射光照，适当通风，保持充足氧气。

（7）**适宜地区** 适宜在四川省及相似生态条件地区栽培。

6. 苏毛 3 号（毛木耳 8903、国品认菌 2007034）

（1）**选育单位** 江苏省农业科学院蔬菜研究所。

（2）**品种来源** 由 1987 年在江苏省南京市紫金山采集到的野生耳种驯化育成。

（3）**特征特性** 子实体聚生，呈牡丹花状，朵型大小中等，耳片直径 7～10 厘米，腹面红褐色、背面白色，有茸毛，茸毛长度、密度和直径中等。发菌适温 20～25℃，发菌期 45～60 天，栽培周期 155～180 天。原基形成不需要温差刺激，菌丝体和子实体可耐受最高温 35℃、最低温 2℃。耳潮明显，间隔期 10 天左右。出耳期需氧量大，氧气偏少时易畸形。

（4）**产量表现** 以木屑为主要基质的袋料栽培条件下，生物学效率达 70%～100%。

（5）**栽培技术要点** 采取 V 形开口法和切割袋口法控制原基数量。这是因为原基数量越多，朵型越小，产量越低；原基数量少，则朵型大，质地好，产量高。出耳期温度保持 15～25℃，低于 15℃需加温出耳，并保证良好通风。原基出现后，开始进行水分管理，以保湿为主，每天喷水 2～3 次。北方地区秋冬季接种，春夏季栽培；南方地区秋、冬、春三季接种，春、夏、秋、冬四季出耳。以福建省为代表的南方地区，1 年栽培 2 次，11 月份至翌年 6 月份和 4～11 月份，10 月份至翌年 4 月份均可接种，全年均可出耳；以北京为代表的北方地区，宜1年栽培1次，2～3月份接种，4～9月份出耳。一般50天左右长满袋，在20～25℃条件下后熟期15～20天，之后移到出耳场所内出耳。

（6）**适宜地区**　适宜在我国黄背木耳主产区栽培。

（二）地方审定品种

1. 漳耳 43-28（闽认菌 2012003）

（1）**选育单位**　福建省漳州市农业科学研究所。

（2）**品种来源**　从我国台湾地区引进的白背毛木耳 43 菌株，经组织分离并多次纯化筛选而成。

（3）**特征特性**　耳基形成快，耳片大、厚，耳片直径 8～30 厘米、厚 0.12～0.22 厘米，胶质脆嫩。成熟耳片腹面紫褐色、背面白色，晒干后背面茸毛白色，子实层面黑色，黑白明显。干耳中蛋白质含量 8.8%，粗纤维 0.8%，粗脂肪 0.7%，维生素 C 2.8%。

（4）**产量表现**　平均每袋（干料重 600 克）干耳产量 73.08 克，比对照白背毛木耳 43 增产 22.27%。

（5）**栽培技术要点**　培养料配方：木屑 80%、麦麸 18%、石灰 1%、碳酸钙 1%，含水量 65%，pH 值 6.5。菌丝生长适宜温度 25～28℃，空气相对湿度 70% 以下；耳片生长发育适宜温度 18～23℃，需要微弱的散射光，耳棚空气相对湿度 85%～95%。

（6）**适宜地区**　适宜在福建等地白背木耳主产区栽培。

2. 川耳 2 号（川审菌 2009001）

（1）**选育单位**　四川省农业科学院土壤肥料研究所。

（2）**品种来源**　四川省农业科学院土壤肥料研究所于 2002 年在四川省通江县采集的野生毛木耳，通过组织分离培养和多次栽培出耳试验筛选，获得农艺性状优良菌株川耳 2 号（Ap1142）。

（3）**特征特性**　菌丝体白色、茸毛状，具锁状联合；耳片片状或耳状，颜色为红褐色至褐色，柔软，中等大，厚度0.15～0.24厘米，表面具棱脊，腹面茸毛白色至褐色、密且长。干耳样品中粗蛋白质含量7.91%，粗脂肪0.703%，氨基酸总量5.7%。菌丝体生长温度5～35℃，最适生长温度30℃；耳片生长温度18～30℃，最适生长温度22～28℃。

（4）**产量表现**　2006—2007年生产试验，平均生物学转化率95.13%，较对照品种781、琥珀木耳和黄耳10号分别增产10.27%、12.48%和29.96%。在四川省崇州市、什邡市和郫县示范栽培3万余袋，平均产量达到0.9千克/袋，生物学转化率达90%。抗病能力较黄耳10号、781和琥珀木耳高，在生产上川耳2号没有感染"油疤病"，781和琥珀木耳"油疤病"感病率均为30%左右，黄耳10号达80%。

（5）**栽培技术要点**　栽培方式为熟料袋栽。栽培主料为棉籽壳、木屑和玉米芯，辅料为麦麸、玉米粉等。自然条件下适宜在4～9月份生产。栽培管理要点：出耳期间温度保持18～30℃，空气相对湿度85%～95%，干湿交替管理，光照强度50～300勒，通风良好，空气新鲜。耳片平展、担孢子弹射出来之前采收。

（6）**适宜地区**　适宜在四川盆地夏季栽培。

3. 川耳3号（川审菌2009002）

（1）**选育单位**　四川省农业科学院土壤肥料研究所。

（2）**品种来源**　四川省农业科学院土壤肥料研究所于2002年在四川省青川县采集的野生毛木耳，通过组织分离和多次栽培出耳试验筛选，获得农艺性状优良菌株川耳3号（Ap11）。

（3）**特征特性**　菌丝体白色、茸毛状，具锁状联合；耳片片状或耳状，颜色褐色，柔软，耳片直径14.2～23厘米、厚0.13～0.24厘米，表面具棱脊，茸毛白色至褐色、密且长。干耳样品粗蛋白质含量7.64%，粗脂肪1.07%，氨基酸总量5.2%。耳片生长温度18～30℃，最适生长温度30℃。

（4）**产量表现**　2006—2007年生产试验，平均生物学转化率 95.25%，较对照品种 781、琥珀木耳和黄耳 10 号分别增产 14.27%、25.23% 和 30.18%。在四川省崇州市、什邡市和郫县示范栽培 2 万余袋，平均产量达 0.9 千克 / 袋，生物学转化率达 90%。抗病能力较黄耳 10 号、781 和琥珀木耳高，在生产上川耳 3 号表现没有感染"油疤病"，毛木耳 781 和琥珀木耳"油疤病"感病率 30% 左右，黄耳 10 号达 80%。

（5）**栽培技术要点** 栽培方式为熟料袋栽。栽培主料棉籽壳、木屑和玉米芯，辅料麦麸、玉米粉等。自然条件下适宜在 4～9 月份生产。栽培管理要点：出耳期间温度保持 18～30℃，空气相对湿度保持 85%～95%，干湿交替管理，光照强度 50～300 勒，通风良好，空气新鲜。耳片平展、担孢子弹射出来之前采收。

（6）**适宜地区** 适宜在四川盆地夏季栽培。

4. 川黄耳 1 号

（1）**选育单位** 四川省农业科学院土壤肥料研究所。

（2）**品种来源** 从采集的野生毛木耳菌种中，经人工驯化、系统选育而成。

（3）**特征特性** 耳片片状，紫褐色，柔软，直径 14.2～26.3 厘米、厚度 0.13～0.15 厘米，表面有少量耳脉，腹面茸毛褐色、密且短。菌丝体生长温度 15～35℃，最适生长温度 24～28℃；耳片生长温度 15～30℃，最适生长温度 22～28℃。

（4）**产量表现** 干耳片样品中蛋白质含量 8.67%，粗脂肪含量 1.55%，氨基酸含量 6.85%。生物学效率 123% 以上。自然条件下适宜在 4～9 月份栽培出耳。

（5）**栽培技术要点** 栽培主料棉籽壳、阔叶树木屑和玉米芯，辅料麦麸、玉米粉等。出耳期间温度保持 18～30℃，空气相对湿度 85%～95%，光照强度 5～300 勒，通风良好。

（6）**适宜地区** 适宜在四川省成都市、德阳市以及与其生态条件相似地区栽培。

（三）特色品种

1. 紫红色品种——川毛木耳 8 号（川审菌 2008001）

（1）**选育单位** 四川省农业科学院土壤肥料研究所。

（2）**品种来源** 1984 年从日本引进的黄背木耳菌株，在大面积栽培过程中选择优良个体进行组织分离，选取菌丝生长快而旺盛的分离株 31 个，经初筛、复筛、品比等一系列系统选育而成。

（3）**特征特性** 子实体胶质，耳片呈浅杯形、耳形或不规则形，耳片直径 9～21 厘米、厚 0.14～0.2 厘米，粉红色至紫红色，背面茸毛白色。菌丝白色、粗壮、浓密。干品粗蛋白质含量 11.2%，粗脂肪 0.094%，氨基酸总量 8.791%，其中人体必需氨基酸 3.275%。适宜生产鲜耳产品和干耳产品。

（4）**产量表现** 该品种比亲本菌株黄背木耳平均增产 18.89%，比对照菌株 781 平均增产 27.38%，生物转化率 110%～150%。

（5）**栽培技术要点** 适宜用棉籽壳、木屑、玉米芯、甘蔗渣等为主料，与辅料麦麸、米糠、玉米粉等原材料熟料袋栽。适宜的培养料含水量 60%～65%，子实体生长适宜的空气相对湿度 85%～95%，避免阳光直射。

（6）**适宜地区** 适宜在四川省及其相似生态条件地区栽培。

2. 紫黑色品种——川琥珀木耳 1 号（川审菌 2008002）

（1）**选育单位** 四川省农业科学院土壤肥料研究所。

（2）**品种来源** 从福建省引进的毛木耳琥珀木耳菌株中选择优良个体进行组织分离，筛选出菌丝生长快而旺盛的分离菌株 25 个，经初筛、复筛、品比等一系列系统选育而成。

（3）**特征特性** 子实体耳片呈耳形或不规则形、胶质，耳片直径 8～20 厘米、厚 0.15～0.21 厘米，浅褐红色至琥珀褐色，背面茸毛呈污白色至淡黄褐色。菌丝粗壮且浓密，初期呈白色，后期略变呈灰褐色。该品种干品粗蛋白质含量 10.4%，粗脂肪 0.03%，氨基酸总量 7.84%，其中人体必需氨基酸 2.741%。菌丝生长最适温度 22～30℃，子实体生长最适温度 22～28℃。菌丝生长阶段不需要光照，出耳期间需要散射光。适宜的培养料含水量 60%～65%，适宜子实体生长的空气相对湿度 85%～95%。菌丝生长 pH 值 4～10，最适 pH 值 5～7。

（4）**产量表现**　该品种比亲本菌株琥珀木耳平均增产 17.44%，比对照菌株 781 平均增产 20.24%。生物学效率 100%～170%。

（5）**栽培技术要点**　该品种适宜用棉籽壳、木屑、玉米芯、甘蔗渣等为主料，与辅料麦麸、米糠、玉米粉等原材料熟料袋栽。适宜的培养料含水量 60%～65%，pH 值 6.5～7.5，适宜子实体生长的空气相对湿度 85%～95%，避免阳光直射。生产中应营造最适生长的环境条件，培育健壮菌丝，以有效降低病害发生。

（6）**适宜地区**　适宜在四川省及其相似生态条件地区栽培。

3. 紫褐色品种——黄耳 10 号（川审菌 2010007）

（1）**选育单位**　四川省农业科学院土壤肥料研究所。

（2）**品种来源**　以从日本引进的黄背木耳为菌株，通过对耳片组织分离获得。

（3）**特征特性**　耳片为片状或耳状，红褐色至褐色，柔软，中等大，直径 14.5～26 厘米、厚 0.15～0.26 厘米，表面具有棱脊，腹面茸毛白色至褐色、密且长。菌丝体生长温度 15～35℃，最适生长温度 30℃；耳片生长温度 18～30℃，最适生长温度 22～28℃。

（4）**产量表现**　该品种产量 0.73～0.84 千克/袋，生物学效率 91.6%～105.4%。

（5）**栽培技术要点**　栽培方式主要采用熟料袋栽。栽培主料棉籽壳、阔叶树木屑和玉米芯，辅料为麦麸、玉米粉等。四川省及相似生态区自然条件下适宜在 4～10 月份栽培出耳。出耳期间温度 18～30℃，空气相对湿度 85%～95%，光照强度 10～300 勒，通风良好，空气新鲜。

（6）**适宜地区** 适宜在四川省及其相似生态条件区栽培。

4. 红褐色品种——川耳 4 号（川审菌 2011001）

（1）**选育单位** 四川省农业科学院土壤肥料研究所。

（2）**品种来源** 于 2005 年从野生毛木耳菌株中系统选育。

（3）**特征特性** 耳片为片状，红褐色，柔软，直径 15.2～22.3 厘米、厚 0.17～0.18 厘米，耳片表面具有少量棱脊，腹面茸毛褐色、密且长。菌丝体生长温度 15～35℃，最适生长温度 30℃；耳片生长温度 18～30℃，最适生长温度 22～28℃。干耳中粗蛋白质含量 8.1%，粗脂肪含量 1.4%，氨基酸含量 6.9%。

（4）**产量表现** 平均产量 0.95 千克/袋，生物学效率达 95%。

（5）**栽培技术要点** 栽培方式为熟料袋栽。栽培主料棉籽壳、阔叶树木屑和玉米芯，辅料为麦麸、玉米粉等。四川省及相似生态区自然条件下适宜在 4～9 月份栽培出耳。出耳期间温度 18～30℃，空气相对湿度 85%～95%，光照强度 10～300 勒，保持通风良好。

（6）**适宜地区** 适宜在四川省及其相似生态条件区栽培。

5. 光敏感型品种——川耳 5 号（川审菌 2011002）

（1）**选育单位** 四川省农业科学院土壤肥料研究所。

（2）**品种来源** 以 Au2 和黄耳 10 号为亲本，通过单孢分离获得单核体配对杂交而成。

（3）**特征特性** 耳片为片状或耳状，属光敏感性品种，耳片颜色随光照强度的更改而发生变化，强光照环境（10 勒以上）为浅红褐色，弱光照环境（3 勒以下）为白色，耳片较硬，直径 10.5～22 厘米、厚 0.15～0.2 厘米，耳片表面具有少量耳脉，腹面茸毛白色至褐色、密且长。菌丝体生长温度 15～35℃，最适生长温度 30℃；耳片生长温度 18～30℃，最适生长温度

22～28℃。干耳中粗蛋白质含量6.7%，粗脂肪含量1.7%，氨基酸含量6.3%。

（4）**产量表现**　平均产量0.93千克/袋，生物学效率达93.1%。

（5）**栽培技术要点**　栽培方式主要为熟料袋栽。栽培主料棉籽壳、阔叶树木屑和玉米芯，辅料为麦麸、玉米粉等。四川省及其相似生态区自然条件下适宜在4～9月份栽培出耳。出耳期间最适温度18～30℃，空气相对湿度85%～95%，光照强度3～300勒，保持通风良好。

（6）**适宜地区**　适宜在四川省及其相似生态条件区栽培。

6. 白色品种——川耳6号（川审菌2012004）

（1）**选育单位**　四川省农业科学院土壤肥料研究所。

（2）**品种来源**　从琥珀木耳中获得自然变异白色耳片，通过组织分离获得菌种，经系统选育而成。

（3）**特征特性**　子实体形状为片状，白色，柔软，耳片直径13.7～26.4厘米、厚0.13～0.18厘米，表面有少量耳脉，腹面茸毛白色、密且短，耳片颜色不受光照影响。菌丝体生长温度15～35℃，最适生长温度30℃；耳片生长温度18～30℃，最适生长温度22～28℃。干耳片样品中粗蛋白质含量7.7%，粗脂肪含量0.15%，粗纤维含量31%，氨基酸含量6.24%。

（4）**产量表现**　生物学效率平均84.69%，较对照琥珀木耳增产11.65%。

（5）**栽培技术要点**　栽培方式为熟料袋栽。栽培主料为棉籽壳、阔叶树木屑和玉米芯，辅料为麦麸、玉米粉等。四川省及其相似生态区自然条件下适宜在4～9月份栽培出耳。出耳期间温度18～30℃，空气相对湿度85%～95%，光照强度3～300勒，保持通风良好。

（6）**适宜地区**　适宜在四川省及其相似生态条件区栽培。

7. 白色品种——玉木耳1号

（1）**选育单位**　吉林农业大学、辽宁三友农业生物科技有限公司。

（2）**品种来源**　2010年5月从山东省邹城市栽培的毛木耳中发现的白色变异菌株，经分离纯化、驯化栽培获得的遗传稳定的毛木耳新菌株。

（3）**特征特性**　菌丝洁白、生长势强，菌丝最适生长温度22～32℃，子实体白色、最适生长温度20～24℃，不易出现流耳。该品种子实体耳状或盘状，小孔出耳多为单片，鲜耳乳白色，表面光滑有明显光泽，半透明，背面有白色短茸毛；干耳背面浅黄白色，腹面淡黄色。该品种属中高温型早熟种，生育期65～85天，抗杂菌能力强，对木霉、链孢霉有较强的抑制作用。

（4）**产量表现**　生物学转化率150%～200%。

（5）**栽培技术要点**　栽培方式为熟料袋栽。

（6）**适宜地区**　适宜辽宁等地区设施栽培。

8. 白色品种——川白耳2号

（1）**选育单位**　四川省农业科学院土壤肥料研究所。

（2）**品种来源**　从毛木耳上海1号中获得自然变异白色耳片，经系统选育而成。

（3）**特征特性**　耳片为片状，白色，柔软，直径11.2～25.2厘米、厚0.16～0.21厘米，耳片表面有少量耳脉，腹面茸毛白色、密且短。菌丝体生长温度15～35℃，最适生长温度25～28℃；耳片生长温度18～30℃，最适生长温度23～28℃。

（4）**产量表现**　干耳片样品中粗蛋白质含量11.1%，粗脂肪含量1.64%，氨基酸含量9.4%。生物学效率114%以上。自然条件下适宜在4～9月份栽培出耳。

（5）**栽培技术要点**　栽培主料棉籽壳、阔叶树木屑和玉米芯，辅料麦麸、玉米粉等。出耳期间温度18～30℃，空气相对湿度85%～95%，光照强度5～10勒，通风良好。

（6）**适宜地区**　适宜在四川省成都市和德阳市及生态条件相似地区栽培。

第五章
毛木耳制种技术

一、基本概念

（一）固体菌种和液体菌种

食用菌菌种是在人为干预下培养并能使其用于栽培生产的菌丝培养体，按照培养基质的状态分为固体菌种和液体菌种，固体菌种由固体培养基培养而成，液体菌种由液体培养基培养而成。固体菌种相对而言，污染率低，便于菌种质量控制与观察，但成本偏高，菌龄不整齐，生产周期长；液体菌种生产周期相对较短，菌龄一致性好，管理方便，出菇整齐，成本低，但对设备与技术要求均较高。

（二）繁育体系

《GB/T 12728—2006 食用菌术语》定义，菌种是指生长在适宜基质上、具结实性的菌丝培养物。农业部《食用菌菌种管理办法》第三条指出，菌种分为母种（一级种）、原种（二级种）和栽培种（三级种）。菌种生产就是使菌丝体不断扩大繁殖的过程，我国食用菌菌种制备广泛实行母种、原种、栽培种的三级繁育体系。

1. 母种　也称为一级菌种，是通过各种实验方法选育出具有结实性的菌丝纯培养物以及继代培养菌丝体，主要以试管作为基本培养单位。母种是菌种生产的前提和根本，必须做到种质优良、纯度高，退化衰老与病虫害污染的母种均不能用于生产菌种。

2. 原种　俗称二级种，是将母种转接到灭菌的稻草、棉籽壳、木屑或者谷粒颗粒等固体培养基上扩大培养产生的菌丝体培养物。固体培养基能够增强菌丝对生存环境和基质的适应能力，生长更加健壮快速。原种主要用于栽培种的扩大培养，不能长时间贮藏。特殊情况下，也可作为栽培种，能提早栽培。原种通常情况下用玻璃瓶制作，具有纯度高、活性强等特性。

3. 栽培种　也称三级种、生产种，即将原种转接到固体无菌基质上的扩大培养产物。接菌后 30～40 天长满菌种瓶，菌种的适应性和分解能力得到进一步的提升。在菌丝长满后 15 天内用于生产接菌。

二、毛木耳菌种生产管理与要求

毛木耳菌种制备需要严格的管理，每一个技术环节出现问题都会降低菌种的品质，甚至造成损失乃至绝产。

（一）菌种生产管理

1. 生产管理　由于我国自然气候变化较大，季节性变迁对菌种生产具有很强的约束性，因此菌种生产有严格的季节性。同时，菌种生产计划要与季节相适应，生产中应提前做好生产计划和生产准备工作，以达到最好效果。

2. 菌种管理　菌种生产过程中要做到分工明确，档案记录、菌种来源、接种时间、继代次数、培养室、接菌工作者、菌种培养检查等均应细化到人，严格控制生产流程。

3. 种源引进　所有菌种必须从国家规定具有资质的单位引

进，并经过试验栽培确定其农艺性状后才能进行生产。

4. 菌种质量　菌种生产过程中要定时检测，做到污染早发现、早处理；每批菌种均应进行适量（5%～10%）抽检，具体检查内容包括感官、微生物学指标、容器等。

5. 菌种贮藏　菌种贮藏最适温度为4～6℃，应定期检查菌种状态，生产前要做出菇实验，检测其农艺性状的稳定性。按照《食用菌菌种管理办法》规定，原种与栽培种都是一次性生产，即母种、原种、栽培种均是从上一级菌种厂购买后直接用于生产下一级种，不可再次扩繁。菌种管理严格、编号准确是防止错种出现的良好办法，可避免引起菌种混乱和下一级菌种生产的损失。一般来说，若母种厂种类、品种较多，应建立完善的管理体制，这样方便及时发现问题、追溯有问题的种源，防止污染菌种流于市场，给后期生产带来损失。菌种编号要做到明确、准确、简捷，同时还要有生长观察记录。

（二）菌种生产要求

1. 菌种场地卫生要求　毛木耳菌种生产过程中要保证场地干净、卫生，主要包括接菌室、培养室和制种场地的卫生清洁情况。菌种生产场地应洁净无尘，要定时对培养室墙壁、过道、门窗等周边环境进行打扫和消毒灭菌，仪器设备也要定期除尘消毒，确保环境整洁无菌。接种室、培养室要定期打扫、杀虫、灭菌，确保培养室内整洁无尘，接种前后均要进行消毒处理；培养室在使用前还要喷洒杀虫药物灭虫，使用后及时取出培养物，并迅速清理、打扫和消毒。

2. 菌种工作人员要求　菌种厂无论是管理人员还是接种人员，都要有相关的专业知识，能够熟练操作接菌等一系列技术环节，熟悉设备运行流程，并取得相应的食用菌生产资历证明。一般来说，母种生产要求很高，尤其是母种的优胜劣汰需要丰富的经验，所以对生产人员技能和母种引进都要严格把关。

3. 菌种编号与管理　为方便使用和分类管理，不同级别的菌种应做好标签。按照 NY/T 528 食用菌生产技术规程要求，标签上需把时间、品种、日期、单位、级别等标注清楚。

三、毛木耳母种制作

生产中所用的母种及其农艺性状必须从相关科研单位或者有资历的菌种厂获得，并在试种以后方可投入扩大生产。母种是菌种生产的种源，母种质量直接影响后期生产的原种、栽培种的质量，以至于影响栽培生产。母种培养一般为试管斜面菌种，毛木耳母种培养时间为 15～20 天。

（一）工艺流程

材料选取（按配方）—精确称量—材料处理—定量配制—试管分装—灭菌—摆放斜面—灭菌效果检查—接种—培养—质量检测—成品

（二）棉塞制作

母种斜面培养基所用塞子基本上为棉塞和硅胶塞。棉塞既可透气，又可防止杂菌污染，还有减少培养基水分蒸发的作用。将梳棉手撕成接近圆形，四周薄中间厚，然后将一边卷起至圆心，对折后继续卷使之呈塞状。棉塞松紧要适度，大小以塞入试管后外面剩余 1.5～2 厘米为宜，塞入试管部分为 2 厘米左右。

（三）母种培养基配制

1. 母种培养基配置原则　根据毛木耳生理生长特性，母种培养基是按照一定比例配制的具有良好理化性质、适合菌丝生长的营养物质的混合物。培养基的主要成分是碳源和氮源，碳氮比保持在 20∶1 的比例，适当增加磷、钾、硫、锰、铜、锌、钼等

微量元素，其比例一般为 0.001%～0.2%。

2. 母种培养基常用原料　目前，母种培养基基本上是用动、植物浸提液与少量化学物质配制而成，常用的动、植物浸提液有马铃薯浸提液、牛肉膏、马铃薯汁、麦芽汁、木屑浸提液、松针浸提液等，凝固剂一般为琼脂粉或琼脂条。天然有机物质应选用新鲜洁净、无霉变、无虫蛀的材料，化学试剂要求是不过期、不变质的材料。

3. 注意事项　①用稻草、麦秸或其粉碎物做培养料时，因其培养基中缺乏木质素，而其中的纤维素、半纤维素又极易被分解利用，培养后期培养基容易萎缩、出水，菌丝易衰老。因此，生产中不宜用稻草、麦秸作毛木耳乃至食用菌的菌种制种原料。②松木、杉木、樟木、桉树等树木屑含有抑菌和杀菌成分，一般不直接用作菌种原料。用作培养料时必须预先发酵，发酵方法是先浇水，使其含水量达 60% 左右，再堆制 2～3 个月进行高温发酵，去除其抑菌、杀菌成分后方可作原种培养料。损害菌丝生长的松节油等成分，也可以用高温蒸煮的方法进行解除，方法是将木屑含水量调至 65% 左右，再放入锅中加热至沸，保持 6～8 小时即可。③用于毛木耳原种的木屑以分解较缓慢的硬质木屑为好，质地轻、软且容易分解利用的木屑培养基后期菌丝容易衰退。

4. 常用的斜面母种配方

（1）马铃薯琼脂葡萄糖培养基（PDA 培养基）　马铃薯（去皮）200 克，葡萄糖 20 克，琼脂 20 克，水 1000 毫升，pH 值自然（5.5～6）。此配方适应性广泛，但营养成分较单一，长期培养容易导致退化。

（2）综合马铃薯葡萄糖琼脂培养基（CPDA）　马铃薯（去皮）200 克，葡萄糖 20 克，琼脂 20 克，磷酸二氢钾 2 克，硫酸镁 0.5 克，水 1000 毫升，pH 值自然。此配方较 PDA 而言，营养种类含量丰富，菌丝生长优良，可满足多种食用菌生长营养要求。此配方既可作斜面母种配方，也可用于菌种保藏。

（3）**通用标准培养基**　酵母浸膏2克，葡萄糖20克，蛋白胨1克，磷酸二氢钾1克，硫酸镁0.5克，琼脂20克，水1000毫升，pH值自然。

（4）**蛋白胨葡萄糖琼脂培养基（PGA）**　蛋白胨2克，葡萄糖20克，磷酸氢二钾1克，磷酸二氢钾0.5克，硫酸镁0.5克，维生素B_1 0.5毫克，水1000毫升，pH值6.5。

（5）**玉米粉煎汁培养基**　玉米粉40克，蔗糖10克，琼脂20克，水1000毫升，pH值自然。

5. 母种培养基配制　以配1升马铃薯葡萄糖琼脂培养基为例，讲述母种培养基的配制过程。

（1）**准备工作**　选取不变色、不长芽的马铃薯，清洗干净去掉表皮，切成1厘米左右的立方形小块，并称重200克。然后将培养基所需其他物质分别称量。

（2）**浸提液获取**　将称量好的马铃薯放在加水1200毫升左右的锅内，用猛火加热至沸腾，然后保持小火煮沸30分钟。

（3）**过滤**　将蒸煮30分钟的马铃薯用4层纱布过滤，得到滤液，即为马铃薯浸提液。

（4）**融化琼脂**　若用琼脂粉，可先加温水使其融化；若用琼脂条，可剪成长2厘米左右的段并洗涤，去除杂质。然后将琼脂粉溶液或琼脂条段加入马铃薯浸提液中，坚持搅拌，直到融化完全。

（5）**定容**　琼脂完全融化后，加入其他营养成分，体积不足1000毫升时，加水定容至1000毫升。

（6）**调节pH值**　通常情况下大部分地区的水质均呈稍微偏酸性，无需调节；但由于地区差异水质也不尽相同，生产中需测其pH值，必要时用氢氧化钠或柠檬酸钠将pH值调节到合适范围。

（7）**分装**　根据需求选定试管型号，将培养基分装到干净、无损的玻璃试管内，分装时注意试管口不要沾到培养基，以免后期污染。装入培养基量可根据培养时间适当调节，一般以装入试管长度的1/5比较适合，不能超过1/4。分装完成后及时塞棉塞，塞入长度控制在3.5厘米左右为宜，塞后外部剩余1～2厘米。根据培养方式不同，选取若干只试管（5只或7只较佳）捆成一捆，并用牛皮纸包扎试管口。

（8）**灭菌** 灭菌关乎整个菌种生产的成败，所以灭菌时要严格按照说明操作。先观察水位是否合适，然后放入灭菌锅，盖好上盖，拧紧螺丝，放气，升压，灭菌。一般灭菌压力控制在0.11～0.12兆帕，恒温恒压保持30分钟即可。但不同的设备也有一定的操作差异性，生产中应严格按照说明书使用。

（9）**斜面摆放** 打开灭菌锅，等温度下降至60℃左右时，取出试管摆放斜面，避免因温差变化过大而导致试管壁附着过多的冷凝水；也可根据季节不同，冷却一定时间后再摆放斜面，高温季节冷却30分钟、低温季节冷却20分钟后取出摆放斜面。摆放斜面后，在完全凝固前不宜再动，斜面长度以离试管口4～5厘米为宜。

（四）母种扩繁

斜面凝固后，随机抽取20支斜面培养基放入28℃的恒温培养箱培养48小时，检查灭菌效果。若无微生物生长，说明灭菌效果良好，可保存于干燥清洁处，日后投入使用。

1. 接种室及周边环境消毒 接种室是接种操作的场所，使用前必须进行卫生清洁和消毒处理。常用消毒方法有药物熏蒸、药物喷洒和紫外线照射，几种方法混合使用，灭菌效果会更好。

（1）**药物熏蒸法** 药物熏蒸消毒通常要在使用前1天进行，最常见的熏蒸药物为高锰酸钾＋甲醛，也可用菇友牌菌室消毒王等气雾消毒剂。药物熏蒸法，一般每立方米空间用40%甲醛7～8毫升、高锰酸钾5克，方法是关闭门窗，将称量好的高锰酸钾放入大烧杯或较大容器内，再将甲醛溶液快速加到容器中，迅速撤离并关好门窗。12 小时后，用等量的氨水喷洒接种室，吸收掉空气中残留的甲醛气后接种。气雾消毒剂的种类繁多，生产中应尽可能选取无毒消毒剂，按说明书使用。

（2）喷洒液体消毒剂　液体消毒剂主要有 5% 石炭酸液、煤酚皂液等，接种前喷洒消毒液既可杀菌消毒，又可去除空气中飘浮的微尘颗粒，起到净化作用。

（3）紫外线照射消毒　紫外线灭菌需提前 30 分钟打开紫外线灯。由于灯管使用寿命一般为 4 000 小时，因此一只灯管累计使用时间不要超过 4 000 小时。

2. 接种室与接种箱使用规范　①定期打扫，随时保持地面清洁，尽量用湿拖布拖地面，以免灰尘飞扬污染环境。②接种室消毒前，应将所需斜面培养基、接种钩等一并放入。③接种室要时刻保持洁净无菌状态，即使不用也要做到定期消毒，保持洁净无菌。接种前，先用肥皂清洗双手及腕部，然后在隔离间穿戴衣帽，进入接种室后用酒精擦拭双手及操作台面。④接种过程中，尽量减少人员在接种室内走动。⑤接种结束后，整理接种室卫生。若要连续使用，需要再次灭菌消毒。

3. 接种步骤　接种操作时，左手食指、中指、无名指托住原种和斜面试管，右手将接种钩浸入酒精，在火焰上均匀灼烧接种钩，然后用右手小指和无名指取下棉塞。等接种钩冷却后伸入原种试管内，取出大小为 3～5 毫米×3～5 毫米的母种块，迅速转接到斜面培养基中间位置，在火焰附近塞进棉塞。如此重复操作便可。若接种时发现母种菌丝较老，可去除菌丝表皮后再转接。

4. 母种培养与检查　将新转接的试管于 25℃条件下培养。毛木耳母种最佳培养温度为 25℃，值得注意的是生物学上的最佳培养温度与生产温度有一定的差异，生产中应比生物学最佳温度低 2～3℃。较低的温度能够刺激菌丝生长健壮，抗病能力强。

培养 2～3 天后开始观察菌丝生长和污染情况，并详细记录，每隔 1 天观察 1 次，菌丝长满斜面为止。观察过程中及时剔除被污染菌种，以免后期菌丝覆盖污染物影响判断，甚至影响菌种质量。培养时间为 7 天左右，菌丝长满斜面后停止培养，选取长势优良、无污染、无异色、生长速度均匀的用于扩繁下一级菌种，也可用于菌种保藏。

5. 优良母种的特性

（1）**生长整齐**　同一种源的母种在扩繁后，无论数量多少，在相同培养基上培养的菌种，其长势、色泽、菌落形态、菌丝生长量基本相同。

（2）**长速正常**　无论是毛木耳还是其他食用菌，在一定的营养基础和培养条件下，都有其相应的生长速度，毛木耳在综合培养基上，25℃条件下培养 10～14 天即可长满斜面。如果在相同条件下生长速度与固有生长速度不同，说明母种存在活力弱、老化、退化现象，不应再使用。同一菌种在使用几年后容易退化或衰老，菌丝生长速度减慢，一般需要培养 20 天左右。

（3）**形态特征**　不同种类、不同品种的食用菌有各自不同的形态特征，如菌落形态、色泽、气生菌丝的多少、产生色素与否、生长边缘特征等。毛木耳长满斜面前不会分泌色素，培养过程中若发现有棕褐色或背面颜色较深属于异常现象，这种菌种应及时剔除，否则产量下降。一般出现上述现象便基本可以确定是菌种退化。

（4）**菌落边缘形态**　长势良好的毛木耳菌丝边缘长势旺盛、饱满、整齐。

6. 注意事项　①根据生产需要或季节合理安排生产计划。虽然菌种可在冰箱内保存一定的时间，但经验表明冰冻后的母种在转接过程中污染率较高，生长速度较慢，扩繁效果不好，所以制种与生产衔接非常重要，以及时将菌种投入生产为宜。②在菌种投入生产前，无论是引进品种还是连续使用几年的老品种，均须做出菇试验，观察其农艺性状的稳定性。农艺性状良好，方可投入生产。③经过出菇试验等手段选定的优良菌种，保藏过程中不要过多转管，以免机械损伤和培养基变化而降低菌丝的生命力。④母种培养时要做到连续检查，及时剔除污染个体，特别是接种后的 3 天内认真观察非常重要。检查时对着强光逐个进行正、反面检测，并在斜面生长至 1/3～2/3 时间段内拣出长势不良的个体。

四、毛木耳原种和栽培种制作

（一）生产流程及材料准备

1. 生产工艺流程

培养基配方确定—原料准备—配制—装瓶—灭菌—接种—培养—培养检查

2. 原料选取 选择阔叶树木屑、棉籽壳、玉米芯等农业副产品加入适量碳氮源物质混合作原料。近年来，大多数生产者选用麦粒、高粱等谷粒培养菌种。要求谷粒等原料不发霉变质，使用前用水浸泡 1 天左右。

3. 其他物料 除上述原料外，还要准备以下物料。

（1）菌种瓶（袋） 菌种瓶一般直径 10 厘米左右、高 20 厘米左右，菌种袋一般 50 厘米×20 厘米。

（2）棉塞或无棉盖体 原种或栽培种的菌种瓶可用棉塞，也可用具有过滤细菌等微生物的塑料盖代替棉塞。南方地区或比较潮湿的季节，常用聚丙烯塑料薄膜代替棉塞。

（二）培养料配方

①杂木屑 15%，棉籽壳 56%，玉米芯 15%，米糠 9%，玉米面 2%，石灰 3%，含水量 62%～65%；②杂木屑 9%，棉籽壳

59.5%，玉米芯 12%，米糠 12%，玉米面 2.5%，石灰 2.5%，白糖 1.5%，石膏 1%，含水量 62%～65%；③杂木屑 7.5%，棉籽壳 64.5%，玉米芯 15%，米糠 6%，玉米面 3%，石灰 2.3%，白糖 0.7%，石膏 1%，含水量 62%～65%；④杂木屑 1.5%，棉籽壳 83%，玉米面 10%，石灰 3%，白糖 1%，石膏 1.5%，含水量 62%～65%；⑤杂木屑 9.2%，棉籽壳 78.5%，玉米面 6.5%，石灰 3.8%，石膏 2%，含水量 62%～65%；⑥棉籽壳 85.5%，玉米面 5.3%，米糠 5.3%，石灰 3.9%，含水量 62%～65%；⑦棉籽壳 83%，蚕豆壳 9%，玉米面 5.5%，石灰 2.5%，含水量 62%～65%；⑧棉籽壳 69%，麦麸 10%，木屑 20%，1% 石膏，含水量 62%～65%。

（三）培养料分装

按照培养基配方称好原材料，锯木、棉籽壳之类的要提前预浸 24 小时，拌料时加入麦麸、玉米粉、糖、石膏粉、碳酸钙等其他原料。糖、石膏粉、碳酸钙等用水溶解后加入拌料中混匀。含水量控制在 55%～63%，即用手握住拌料，以稍用力后指缝中刚好有水分渗出为宜，注意不能成串。原料要尽可能搅拌均匀，拌料后及时分装灭菌。若不及时装瓶、灭菌，时间越久就越容易滋生微生物，导致后期灭菌效果不良，接种后引起污染，更有甚者酸败变质，直接造成损失。

装料时，根据菌种瓶的大小适当装料，不要太满，装料匀实，以不超过瓶肩为宜；装袋时预留一定的长度，便于扎口。边装料边将料面压平，并在瓶中央用锥形小木棒扎 1 个洞，深至底部，便于通气，以利于菌丝快速生长并向料中延伸。装料后，将菌种瓶外壁及瓶口擦拭干净，盖上棉塞，用牛皮纸包扎好，防止灭菌后返潮；若用罐头瓶装料，可采用耐高温塑料盖，然后用绳子结扎好。

（四）培养料灭菌

常用的灭菌方法有高压灭菌和常压灭菌两种。常压灭菌效果较差，生产中应尽量采用高压灭菌。

1. 大型高压灭菌器灭菌 高压灭菌设备压力远高于常压灭菌的压力，因此在使用高压灭菌设备时，首先应熟悉设备的各项指标所包含的内容，仔细阅读使用说明书，对仪器的压力表、水位仪、安全阀等易损部件经常检查，压力表等设备须到当地计量部门进行校对。出现误差及时调整，以保证灭菌质量和操作人员安全。

（1）装锅 装锅时，原种瓶放置时瓶口朝向锅门，便于开锅时水分蒸发带走棉塞上的水分；若瓶口朝上，最好盖上一层牛皮纸，防止棉塞浸湿造成日后污染。

（2）放气 装锅完成后，关锅门、拧紧螺杆。接通电源后，将压力表的指针调到套层，加热升温，待压力达到 0.05 兆帕时，打开放气阀门，放掉锅内的冷气，排尽冷空气后关闭阀门。

（3）灭菌计时 不同的压力锅有不同的压力范围，主要有 0.12 兆帕、0.14 兆帕和 0.2 兆帕 3 种形式。当压力达到该压力锅的压力值时，将压力控制器开关旋转到消毒按钮，让套层空气进入消毒室。然后开始计时，根据基质的原料、菌种瓶数量，适当调整灭菌时间。

木屑和草木培养基原料通透性好，其灭菌时间可稍微短一些，一般保持在 0.12 兆帕 1.5 小时，或 0.14～0.15 兆帕 1 小时；而谷粒、粪草和木塞培养基需要时间相对久一些，保持在 0.15 兆帕 2.5 小时。锅容量较大的，可适当增加灭菌时间。

（4）关闭热源 灭菌达到规定时间后，关闭热源开关，使压力和温度自然降下来；切不可人工降压降温，以免因压力变化过大导致菌种瓶破裂。当压力降到 0 后，打开排气阀门，放气要做到由慢到快，排净热气后把锅门微开，让余热蒸发带走棉塞上的水分。

（5）出锅 打开锅盖，将菌种瓶搬运至预先清洁消毒的场所

进行冷却。

2. 常压蒸汽消毒　常压灭菌前做好灭菌设备的准备，将粗木棍与砖块排放在底层，然后铺设通气管道。准备就绪后，堆码菌袋，堆放数量以不超过2 500袋为宜。若空间比较小，可用隔板分开，以保持通气管道的畅通。将覆盖物四周压实，然后进行通气（100℃）灭菌，计时16～20小时。由于常压灭菌温度为100℃左右，所以基本上只能用于栽培种的消毒。这种灭菌方法污染率偏高，有条件的最好使用高压灭菌设备。

（五）冷　却

灭菌后，菌种瓶无论内、外整体都处于洁净无菌状态。为了减少日后接菌污染率，冷却时应放在干净消毒的冷却室降温。冷却室的洁净程度是导致污染的重要原因之一，因此生产中必须保持其清洁无菌。

（六）接种与培养

1. 接种　把灭菌的原料瓶培养基搬运到用紫外线或气雾消毒剂灭菌的接种箱内接种。虽然菌种培养瓶经过高压灭菌消毒，但空气中弥漫着肉眼不可见的微生物群体，操作人员的身体或呼吸气流等也会造成污染。因此，冷却后应放入无菌接种箱或接种室进行接种，严防二次污染。

接种时必须严格遵守无菌操作规范，操作人员要做到清洗双手、换戴衣帽、酒精擦拭双手及接种箱。接种时，用左手托住菌种瓶，右手拿接种钩与瓶盖或棉塞外部，保持棉塞不与箱内任何东西接触，以减少污染机会。保持菌种瓶与接种瓶开口状态处于火焰上方，并用酒精火焰封住瓶口，用接种钩挖取母种转移到接种瓶内，并在火焰上方塞进棉塞或盖子。

接种可2人操作，也可单独操作。2人操作时，应合作密切，分工明确。右边的操作员负责母种瓶和接种钩，将少许母种转接到接种瓶内，左边操作员负责接种瓶开盖和闭盖。单独接种时，可将母种放置于左手边固定支架上，处于酒精灯火焰上方约1.5厘米为最佳，用火焰封闭瓶口，不能太近、不能灼烧。左手拿接种瓶，右手拿接种钩和瓶盖或棉塞，先将菌种转接到接种瓶内，再在火焰上方盖上棉塞。转接1瓶后，将浸入酒精中的接种钩先在酒精灯火焰灼烧片刻杀灭细菌，接种钩冷却后深入原接种瓶内，挖取长有菌丝的培养基迅速转接到栽培种瓶中，用火焰灼烧瓶口，然后盖上棉塞。每支母种可转接5～6瓶原种。

栽培种转接同样需要遵守无菌操作规则。接种时，用接种钩挖取1小块带有菌丝的培养基，迅速放到灭菌培养中央的洞口上，在酒精灯火焰周围塞上棉塞。一般每瓶原种转接50～60瓶栽培种。

接种结束，及时贴上标签，标注操作员姓名、接种时间、菌种名称或代码等。

2. 培养　将完成接种的菌瓶放入培养箱或培养室内培养。新接种的菌瓶容易引起污染，所以培养室要事先打扫并消毒灭菌。放入菌瓶后培养室内温度保持25℃左右。培养过程中要做到连续检查，及时清理掉杂菌污染的菌瓶，以免污染扩大。一般从接种后2～3天开始观察菌丝萌发情况，若菌丝不萌发就要仔细查找原因，以后每隔3～5天检查1次。在检查过程中，仔细观察菌丝生长情况，及时发现菌丝萌发速度是否异常、是否有杂菌污染等，并及时剔除异常菌种。在条件适合的情况下，毛木耳原种培养35～45天长满菌瓶，栽培种培养50～60天长满菌瓶。菌丝长满菌种瓶后，存放时间不宜超过15天，时间过长会引起菌种老化，容易感染杂菌。若不能及时使用，需在干燥、洁净、通风、低温处保藏。

（七）制种过程中注意事项

原种和栽培种制种过程中应特别注意以下问题。

1. 含水量　生产实践证明，生物学上的最适含水量并不是实际生产需要的最佳数值，通常生产所需的含水量略低于生物学所说的最适含水量。在较低含水量的培养基上生长的菌种，在以后的栽培过程中，会表现出很多优点，如萌发早、定植快、抗性强、管理方便、活性强，因此实际生产中培养基的含水量应稍微低于最适含水量。

2. 种源检查　种源的运输与保存方式不当容易出现肉眼难以观察的污染，如环境潮湿或不洁净等原因引起的棉塞有灰尘或者生霉。鉴于此，在种源使用前，应仔细检查瓶口棉塞干净与否，可抽查部分菌种用放大镜观察有无螨虫。

3. 分装与搬运　无论使用什么容器填装培养基都不宜过满，保持棉塞与培养器具口之间有 3 厘米的距离，以减少外来杂菌的污染。无论是装料、搬运、灭菌、冷却、接菌等不同环节均要做到整筐搬运，以减少散装散运带来的污染。

4. 洁净冷却　冷却环境一定要清洁卫生。打扫冷却室时不要使用扫把，以免灰尘飘落到菌瓶上造成污染。除尘前，可喷洒少许水，地面与墙壁用拖布拖洗干净。人员出入换戴衣帽与鞋子，尽量减少外来污染源。

5. 培养　生产实践表明，培养温度宁低勿高，培养室环境要做到整洁无菌。在使用前应对培养室杀虫灭菌消毒，并喷洒净水除尘；接种 48～72 小时后开始检查菌丝生长情况，在菌丝长满表面前再检查 1 次，到长满瓶至少检查 3 次，逐瓶仔细检查，及时淘汰不良菌瓶。

五、生产中常见问题及处理方法

在制种过程中，必须做到操作规范，才能产出优良的菌种。但是生产中总是会出现一些意料之外的问题，影响菌种质量与生产进度。下面将毛木耳菌种生产流程中常见问题进行总结与解析。

（一）母种培养基凝固性差

在母种生产过程中，经常遇到培养基凝固不良，此类问题一般归结为两方面原因：一是琼脂用量过少或变质，导致培养基凝固不好；二是培养基 pH 值影响培养基凝固状态，酸性（pH 值低于 4.8）越大，越容易引起凝固不良，若遇特殊情况需要培养基酸性较大时，可酌情增加琼脂的使用量。

（二）接种物萌发不良

在菌种生产过程中，通常会出现接种物萌发不良，主要是萌发缓慢或者是直接不萌发和萌发菌丝生命力较弱。若母种接种后，接种物一直不萌发，应从培养基查找原因。首先考虑母种的生命力是否丧失，可通过将原接种物接种到新的培养基上，观察其生长状况，若仍不萌发，证明原种已无生命力；若生长良好，则证明原培养基变质。

原种和栽培种接种后不萌发，主要从培养温度、水分、培养基、灭菌彻底性、母种菌龄等几方面查找原因。

1. 培养温度 培养温度影响酶的活性，温度过高会抑制其生长，甚至不萌发。

2. 含水量 含水量过低会出现菌丝萌发不良，容易引起菌丝枯死。

3. 培养基变质 培养基质腐烂或霉变，引起菌种不萌发。

4. 灭菌彻底性 培养基本身含有大量的杂菌，灭菌后残存的细菌附着在培养基的不同部位，由于细菌不像真菌那样有明显的菌丝体与分生孢子，不易观察，导致食用菌生长缓慢或者是不生长。检测途径：挑取原培养基放于新鲜灭菌彻底的培养基中，在适当条件下培养，观察基质周边有无杂菌菌落生长，若有则为灭菌不彻底。

5. 母种菌龄 母种的菌龄不宜太长，否则容易引起活力下

降。原种最佳菌龄一般是在长满菌种瓶 1～7 天之内使用，栽培种一般是长满菌袋 14 天内使用。

（三）菌丝生长不良

菌丝萌发不良主要表现为生长过快、稀疏、不整齐；过慢、不生长；色泽暗淡、饱满度差等。母种发菌不良的原因很多，如培养基、菌丝、品种、温度、棉塞、空气质量等均会影响菌种质量。发菌不良的原因主要有以下几方面。

1. 培养基 pH 值不适　如果发菌不良，可取出部分菌种培养基，用 pH 试纸测定。

2. 培养基质含有毒物质　栽培菌种所使用培养基大多是木屑、玉米芯等物质，若原料贮存方式不当而引起霉变，则影响菌丝的萌发速度，进而影响菌种品质。

3. 灭菌质量　若培养基中含有无法观察到的杂菌，会在一定程度上阻碍或抑制菌种菌丝生长，如菌丝不饱满、稀疏、色泽暗淡等，最好及时处理，以免后期发生污染，带来损失。

4. 装料松紧不一　装料的多少及松紧度不同，使袋料内的氧气含量也不同，易导致菌丝生长受阻。可在菌袋内用打孔棒打孔，增加氧气的供应量，使其通透性增强。

5. 水分含量　含水量直接影响菌丝生长势和品质，水分过多会导致种瓶底部缺氧，抑制菌种生长；过少则菌丝生长迟缓。

6. 培养室温湿度及空气流通量　温度过高、湿度过大及空气流通量较小，减少了单位空间内的含氧量，致使菌丝生长受阻，通常表现为色泽暗淡、生命力较弱。

（四）杂菌污染

1. 灭菌不透彻　表现为染菌率高，而且污染无规律性，菌袋的任何部位均可能出现杂菌，一般培养 3～5 天就会出现杂菌污染，一般与培养基原料性质、含水量及其均匀度有关。培养料不同，导热性就会有差异，灭菌时间也会有差异，应灭菌时间木屑＜草料＜粪草＜谷粒，常压灭菌基本不能达到完全灭菌，生产中应采用高温高压灭菌；基质中微生物基数越大，灭菌时间应越长。同时，由于水的导热性明显优于培养基基质，所以在拌料时要注意水分渗透均匀，否则会因导热不均匀而产生"夹生"，即灭菌不彻底。

2. 酸碱度 因 H$^+$ 有加快生命结束的作用，所以偏酸性培养基比中性、碱性培养基的灭菌时间要短一些。

3. 容器 菌种通常用玻璃瓶、塑料袋装，由于两者的导热性存在差异，前者慢于后者，所以玻璃瓶灭菌时间应长些。

4. 灭菌方法 通常所用的灭菌方法有高压灭菌与常压灭菌两种，高压灭菌法可以完成各种培养基的灭菌，而常压只能完成部分培养基的完全灭菌。由于高压灭菌法设备复杂、要求高，很多小型生产基地更适合采用常压灭菌，常温灭菌设备最好采用圆形，这样既升温均匀，又可避免冷凝水浸湿棉塞，造成污染。

5. 灭菌锅炉气化量与体积不匹配 无论是高压灭菌还是常压灭菌都应做到炉灶气化量与炉体空间大小相匹配，根据容量大小适当增加灭菌时间，以达到彻底灭菌效果。锅内物体摆放要做到叠层有限、适当，切忌层数过多，以免导致灭菌不彻底。空间较大的，可适当运用隔板，也可用铁框等工具。

6. 封盖不严密 接种时瓶口全封严；灭菌结束后搬运时注意轻拿轻放，防止磨破菌袋，导致部分污染。

7. 菌种不纯 菌种本身纯度是影响菌种质量的重要原因，菌种不纯将会增加原种、栽培种的污染率，这种污染的特点是很早出现且肉眼可见。避免此类污染要从种源抓起，及时观察污染情况，剔除被污染菌种。

8. 接菌操作规范性 人为操作引起的污染分布分散，出现时间一般在接菌后 7 天左右。在人工接菌时要注意以下技术环节。

（1）**棉塞勿打湿**　在灭菌堆码时，切勿让棉塞接触炉壁，以免冷凝水打湿棉塞，出炉后引起污染；最好用牛皮纸包扎棉塞。灭菌结束后自然冷却，切勿一下子全部打开锅，以免吸潮而造成污染。

（2）**冷却环境**　冷却室内环境要洁净，最好铺一层灭菌的地毯，可用紫外线和药液喷洒交替灭菌或同时使用。

（3）**接种室**　接种室要洁净整齐，灭菌要彻底，容器表面用75%酒精擦拭，以免杂菌污染。

（4）**接菌过程严格控制**　接种人员做到不说话、少动、轻盈、迅速。

（5）**接种人员穿着整洁**　接种人员要穿戴专业工作服，并定期洗涤与灭菌，进入接种室前洗净双手，彻底消毒。

（6）**操作的连续性与规范性**　接种过程中，始终保持菌种瓶处于火焰的上方，以减少污染概率；操作应连续、熟练、一气呵成。

（7）**培养环境整洁干燥**　培养室湿度越高、洁净度越低污染概率就越大。这种原因造成的污染主要表现为一开始污染率低，随着时间的递增会越来越严重，因此应确保培养环境整洁干燥。

第六章
毛木耳优质栽培技术

毛木耳优质栽培关键技术，主要包括栽培原料选择和准备、拌料、发酵（白背木耳）、装袋、灭菌、冷却接种、菌丝培养、排场及开袋出耳、采收与加工（图6-1）。

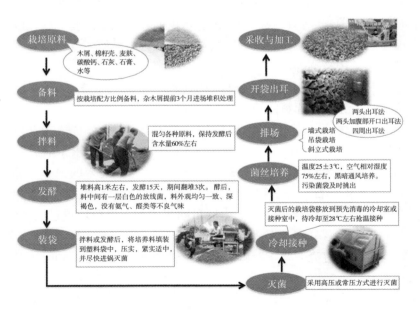

图 6-1　毛木耳生产环节流程图

一、黄背木耳栽培技术

（一）生产季节选择

由于我国各地气候条件差异较大，毛木耳生产期也有所不同。例如，四川省什邡、彭州、金堂等地栽培黄背木耳，11月份至翌年3月份制袋，4月下旬至10月份完成出耳采收；河南省黄背木耳栽培，2～3月份制袋，6～8月份出耳采收。

（二）原材料准备

黄背木耳栽培所需原材料，包括棉籽壳、木屑、玉米芯、豆粕、菜籽饼、甘蔗渣、麦麸、玉米粉、生石灰、石膏等栽培基质，还有菌袋、封口膜、封口纸、橡皮筋、颈圈等配套材料，以及手套、酒精灯、接种锄等工具与高锰酸钾、甲醛、气雾消毒剂等消毒杀菌药剂等。

1. 栽培基质备料　有机原料要求为新鲜、干燥、无霉变、无虫害、无化学原料的正品。

（1）木屑　栽培用木屑应以阔叶林木屑为主（占70%以上），可以少量使用杉、柏类木屑（低于30%），要求木屑颗粒直径≤2毫米。生产前2～3个月进场，用φ1厘米的钢筛过筛（去除木块、石头等杂物）后堆在一起，经自然发酵去除油脂和芳香类物质。生产中应根据生产量购买木屑，以免堆置过久（6个月以上）营养物过度消耗流失。

（2）棉籽壳　要求新鲜、不成块、少籽、少纤维，同时要避雨贮存。

（3）玉米芯　要求新鲜无霉变，颗粒大小以φ16厘米为标准，同时要避雨贮存。

（4）米糠　要求无霉变、无虫害、新鲜，避雨贮存。

（5）**豆粕** 要求无霉变、无虫害，使用前应该进行发酵处理。

（6）**玉米粉** 要求无霉变、无虫害、新鲜，最好在生产前购进30%，用完再购买，以免发霉和板结。

（7）**石灰及石膏** 生产近前购买，以免长时间存放吸潮板结。

2. 配套材料

（1）**菌袋** 采用两端开口专用聚乙烯（常压灭菌）或聚丙烯（高压灭菌）菌袋，一般采用20～22厘米×44～48厘米×0.003厘米，推荐使用规格为22厘米×44厘米×0.003厘米的菌袋。

（2）**封口膜** 采用聚乙烯（常压灭菌）或聚丙烯（高压灭菌）封口膜，用于菌袋装完料后封闭进料口，隔绝菌料和外界接触。由于封口膜可以重复使用，生产中前期购买满足5灶菌袋封口的封口膜即可。

（3）**封口纸** 常用封口纸可裁剪成边长10厘米的正方形，用于在接种后替换掉封口膜，有增加通气的作用。每1万袋用纸11.5千克。

（4）**颈圈** 常用直径3.5厘米的颈圈，可一次性购入。

（5）**橡皮筋** 常用直径2.6厘米或2.8厘米的橡皮筋，可一次性购入，每万袋用量是9千克。

（三）拌 料

1. 选择适宜配方 生产中可根据品种特性、原材料价格、栽培地周边资源和碳氮比选择合理的基质配方。各栽培区域应本着就地取材、充分发挥地域材料优势的原则，尽可能以成本低廉的本土原料或易获得的其他可生产的原料，在栽培配方适宜的基础上，降低生产成本、提高产品质量。可选择安全、低价、可持续的原料，替代传统栽培使用的棉籽壳等价格高的原料，生产中常用的黄背木耳栽培经济配方有以下几种。

配方一：棉籽壳30%，杂木屑（颗粒度≤2毫米，下同）30%，玉米芯30%，麦麸5%，石膏1%，石灰4%。

配方二：棉籽壳10%，木屑47%，玉米芯30%，麦麸8%，石灰4%，石膏1%。

配方三：棉籽壳10%，木屑30%，玉米芯30%，米糠20%，麦麸5%，石灰4%，石膏1%。

配方四：棉柴10%，木屑23%，棉籽壳10%，玉米芯30%，米糠20%，玉米粉2%，石灰4%，石膏1%。

配方五：蔗渣20%，木屑13%，棉籽壳10%，玉米芯30%，米糠20%，玉米粉2%，石灰4%，石膏1%。

配方六：蔗渣30%，木屑33%，棉籽壳10%，米糠20%，玉米粉2%，石灰4%，石膏1%。

配方七：杏鲍菇菌渣10%，木屑33%，棉籽壳10%，玉米芯20%，米糠20%，玉米粉2%，石灰4%，石膏1%。

配方八：杏鲍菇菌渣11%，木屑22%，棉籽壳10%，玉米芯30%，米糠20%，玉米粉2%，石灰4%，石膏1%。

配方九：高粱壳15%，木屑28%，玉米芯30%，米糠20%，玉米粉2%，石灰4%，石膏1%。

配方十：金银花枝桠（屑）33%，玉米芯30%，米糠20%，玉米粉2%，棉籽壳10%，石灰4%，石膏1%。

配方十一：木屑35%，玉米芯35%，米糠20%，玉米粉2%，麦麸3%，石灰4%，石膏1%。

2. 备料　生产时先将玉米芯、棉籽壳等不易吸水的材料预湿，让其充分湿润；然后按照选定配方、计划生产数量和材料含水量，计算每次拌料各原料的使用量；最后按照计算的各原料用量称量，即完成备料。玉米芯、棉籽壳等不易吸水的材料若未预湿，备料时应先吸水。持水性强的木屑、棉籽壳等原材料平铺于料场的底层，再将玉米芯、米糠等不易吸水材料平铺于底料上，最后将玉米粉、麦麸、石灰和石膏等辅料在料堆外混匀后均匀扬撒于料堆表面；如果玉米芯、棉籽壳等不易吸水的材料已先预湿，主料可不分先后顺序，但辅料仍需在料堆外先混匀后再均匀的扬撒于料堆表面。加水时应先加入总水量的 80%～90%，拌料 1～2 次后，再根据培养料水分适量补水，避免培养料过湿。

3. 拌料 目前，黄背木耳栽培基本上是采用机械辅助拌料，这样既可降低劳动强度，又可使拌料更加均匀。料备好后用拌料机进行 3 次以上的拌料操作，使材料充分均匀。拌匀的培养料要求干湿均匀，手捏料时无水滴滴出、手指缝间有水印可见（含水量 62%～65%）。培养料拌好闷堆过夜后即可装袋。

（四）装 袋

生产中多采用装袋机，装袋前先将料袋一端用绳扎口或套上颈圈，并用塑料薄膜封口。装袋时一人用双手打开未封口端套在出料筒上，右手握着出料筒上的袋口，左手托着袋底；另一人向料斗内加入培养料，以 1 铲料装 2～3 袋的量加料。当培养料进入袋内后，出料袋逐渐后退，通过调节后退速度来掌握料袋松紧度，如果是抱筒式装袋机，可以通过调节拉力弹簧控制料装松紧度。培养料装好后，用绳扎口或套上颈圈，并用塑料薄膜封口。

使用装袋机时应定期检查筒口，确保无刺状突起或缺口，以免装袋时刺破筒袋。装袋时要求料袋松紧适度（每袋以装 1～1.2 千克干料、2.4～2.5 千克湿料为好），装料后的料袋，用手抓起时要有一定的硬度感，以中等用力不凹陷为宜。装料过紧，一方面在灭菌时易出现灭菌不彻底，造成制作失败；另一方面由于袋内氧气稀缺、通气性差，易出现菌丝满袋的时间延长、生长势变弱的现象。装料不紧实、过于疏松，又易出现料和袋分离、菌丝裂断、袋内出耳等问题，而且由于袋内干物质量少，直接造成产量低，出现亏本的现象。袋口要清理干净、扎紧，扎口时用手将料压实，并清除黏附在袋口的培养料，要求密封不漏气；否则，扎口处在发菌期易受到链孢霉或毛霉菌污染。在装料、接种和发菌完成后，所有搬运过程均要轻取轻放，不可硬拉乱摔，以有效减少破袋和袋内出耳问题，保证发菌良好。为更好地保证制袋成功率，有的耳农在拌料、装袋场地和搬运用的拖拉机或板车的车板上铺放麻袋或塑料薄膜进行拌料，降低了料袋被刺破的风险。

（五）灭　菌

装料后的料袋需及时杀灭袋内微生物，以免杂菌大量繁殖。

1. 上灶　将装好料的料袋装入灭菌筐内，然后用叉车或其他运输工具运到灭菌灶内灭菌；如无灭菌筐，可直接用独轮车、板车等运输工具转运至灭菌灶内墙式堆码灭菌。堆码时要求避开排气口，这是因为如果料袋堵住排气孔，冷气排放不畅，不仅影响灭菌效果，还会因排压不及时造成篷膜爆炸等安全事故。堆码要整齐，不能超过 15 层，堆码过高料袋不易灭菌透彻。

2. 封灶　料袋整齐码入灭菌灶后，先覆盖一层薄膜（厚度不低于 0.05 毫米），再覆盖一层灭菌专用篷膜，然后用角钢将膜边整齐压在灶沿上，并每相距 40 厘米用 U 形螺纹钢卡子（不低于 2.5 厘米）卡好，最后覆盖一层安全网（麻绳或尼龙绳均可，孔径大于 2 厘米），安全网固定于灶沿拉钩上。在灶四周覆盖保温材料，并在篷膜上加盖棉絮等保温，可有效降低能源消耗。

3. 灭菌　生产中多采用常压灭菌法灭菌，灭菌时间可根据菌袋大小和灶内料袋数量而定。以 22 厘米 × 44 厘米 × 0.003 厘米的料袋为例，灶内装 1 000 袋以下时保持 12 小时、1 000 ～ 1 800 袋保持 14 小时、2 000 ～ 3 000 袋保持 18 小时。

常压灭菌应注意的问题：①要做到"大火攻头，小火保温，余热增效"，保证 3 ～ 4 小时内达到 100℃，才能防止培养料变酸和袋内积水。②一定要排尽灶内冷空气，当灶内温度达到 60℃时排冷空气 5 ～ 10 分钟，然后关闭排气阀；当温度达到 80℃时排冷空气 5 ～ 10 分钟。③锅下部培养料达到 100℃时开始计时（即篷布鼓胀、在篷顶放一块砖不下陷），不能以水沸腾开始计算。④达到100℃后，要减火保温保压。⑤灭菌时间不宜过长，否则会破坏材料中蛋白质等营养物质，反而不利于菌丝生长，造成减产。⑥灭菌结束后，再闷1夜或半天时间，可提高灭菌效果。

4. 出灶　出灶前先打开通气阀门，缓慢将灶内热气排出，篷布下垂后去掉螺丝和角钢，再等30分钟篷壁和编织袋上的水分蒸发完以后，即可出灶。出灶工具一般为架子车或独轮车，将料袋拉入冷却室或接种场地。料袋应堆码整齐，两码间距以20～30厘米为宜，堆码时前2码为4层，中间码为5～6层，最后2码为7层，这样利于自然冷却，切勿乱堆乱丢。

（六）接　种

1. 接种室或冷却室准备　使用前7～10天打扫接种室或冷却室空间、地面、四周，地面用水冲洗干净，并加强通风使接种室干燥（空气相对湿度在70%以下）。使用前2～3天室内、外喷洒0.25%新洁尔灭或2%～3%来苏儿溶液消毒灭菌。使用前1天用气雾消毒剂熏蒸（2～3克/米³），环境污染比较严重的可用甲醛（每立方米15毫升）、高锰酸钾（每立方5克）或硫黄熏蒸消毒（每立方米用20克）。高温季节生产，接种室内、外杂菌较高，更应提高消毒灭菌水平，以免污染率升高。

2. 接种箱准备　接种箱要求必须密闭，袖套应完整。使用前3～5天，先用清洁水进行冲洗，晾晒干后再用0.25%新洁尔灭或2%～3%来苏儿溶液进行擦洗；然后用0.25%的新洁尔灭或2%～3%来苏儿溶液向空间喷雾，使箱内的尘埃随着雾粒下降；使用前一天晚上，用4～5包气雾消毒剂灭菌，污染较严重的用15毫升甲醛和5克高锰酸钾进行熏蒸。

3. 洗种　接种前1天，挑选无污染、菌丝苗壮、无黄水、不萎缩的菌种，先用0.1%～0.2%高锰酸钾或0.25%新洁尔灭溶液进行表面清洗，然后用酒精灯灼烧瓶口。

4. 接种 当料袋口温度降至 28～30℃（料袋内部温度 35～40℃，表面温度 30～35℃），于凌晨杂菌不活跃时"抢时抢温"接种，这样不仅有利于菌丝萌发而不烧菌种，还能快速使菌丝封口，减少杂菌侵染的机会。将料袋与栽培种瓶一起放入接种箱，用 4～5 包气雾消毒剂或 15 毫升甲醛和 5 克高锰酸钾进行熏蒸灭菌，半小时后方可接种。接种前操作人员换上洗净的衣服，进入接种室后用肥皂洗手或用 75% 酒精消毒。接种时手和接种工具用 75% 酒精擦洗消毒，接种锄再用酒精灯灼烧，严格按照无菌操作接种，将老种挖至瓶肩后再进行转接，使菌种覆盖料面，轻轻压实。接种时要求菌袋口保持在距火焰 10 厘米以内，种块至封口纸的距离应在 2 厘米以上。每 750 毫升菌种可转接 8～10 袋栽培袋。

（七）发　菌

发菌是指接种块萌发出菌丝，菌丝体布满料袋内基质的过程，即培养菌丝体的过程。营造和调控适宜毛木耳菌丝体生长的温湿度和空气等环境条件，使菌丝体健壮生长，无杂菌。

1. 发菌室（棚） 发菌室（棚）是菌种瓶（袋）或栽培菌袋完成菌丝生长的场所。发菌室（棚）的功能，一方面是保持菌丝生长所需的温湿度，为菌丝生长遮风避雨，保持较为稳定的环境；另一方面是防止毛木耳发菌期间杂菌污染。所以，在使用前 1 个月，要清除室（棚）内外垃圾、杂物，并进行开门窗或敞篷通风和晾晒。使用前 1～2 周，用消毒灭菌剂及杀虫药剂对场地、草毡、薄膜等进行彻底的消毒灭菌及杀虫。在菌种瓶（袋）或栽培菌袋进室（棚）前 2～3 天，每立方米空间用硫黄 20 克充分燃烧熏蒸 36 小时，或用甲醛 15 毫升、高锰酸钾 5 克熏蒸 36 小时，以净化室内杂菌及孢子等；随后每平方米地面撒石灰粉约 1 千克，既可吸潮又可杀菌。这样，可以有效降低杂菌、害虫（螨虫、跳虫、蝇、蛆等）的发生基数，减少病虫危害。

2. 发菌方式　发菌方式可分为培养室层架发菌、培养室墙式堆码发菌、发菌棚墙式堆码发菌、出耳棚一段式发菌等，生产中提倡采用培养室层架发菌和出耳棚一段式发菌。

（1）培养室层架发菌　将料袋整齐堆码在层架上，要求每层层架放2～3层菌袋。

（2）培养室墙式堆码发菌　根据当地气温状况，采取不同的堆码方式，当温度＜10℃时，前期密集堆码料袋8层（料袋紧挨着），待菌丝下膀5厘米后改为6层稀包（料袋相距2～3厘米）；当气温＞15℃时，可将菌袋堆堆码成5～6层的稀包（同前）；当气温＞20℃时，将菌袋改成单层排放或井字形堆码，每堆5～6层，或用竹竿将菌袋间隔开，以便于通风散热。每排间相距10厘米左右，每隔3排后，将间距增加至30厘米左右，便于后期检查温度和菌袋污染情况。堆码完毕，在菌袋上覆盖编织袋或塑料薄膜进行保温。

（3）发菌棚墙式堆码发菌　堆码方法同发菌室墙式堆码发菌。

（4）出耳棚一段式发菌　出耳棚一段式发菌要求制袋季节避开当地最冷的时间段，如四川省什邡，不宜在12月底至翌年2月初制袋。根据当地气温状况，温度＜10℃时，可在出耳棚巷道采用墙式堆码发菌，前期密集堆码料袋8层（料袋紧挨着），待菌丝下膀（菌丝吃料深度）5厘米后改为6层稀包（料袋相距2～3厘米），或直接放在层架上，每层放2袋，然后整架用黑色塑料膜包裹保温；气温＞15℃时，可将菌袋堆码成5～6层的稀包（同前），或直接放在层架上，每层放2袋；气温＞20℃时，应直接上架培养。

3. 温、光、水、气调控

（1）温度调控　培养期间在菌丝体生长过膀（菌丝生长至菌袋两端的圆形侧棱位置）前菌袋码堆内温度保持在25～28℃，促进菌种块上的菌丝快速萌发生长，使菌丝体在短时间内布满袋

口料面，占据袋口而形成毛木耳优势种群，避免杂菌从袋口侵入。

毛木耳菌丝体生长"过膀"后将发菌棚（室）空间温度（即袋堆行道温度）调控在 18～20℃，菌袋堆内袋表面温度调控在 20～23℃，使袋内温度始终低于 25℃，以利于降低毛木耳油疤病害的发生。

生产中可视具体情况采取加盖或掀开覆盖物等措施来调节菌袋培养的环境温度。当发菌棚（室）内空间温度低于 18℃时，可在菌袋码堆表面和四周加盖已消毒的草苫、棉被、塑料薄膜等保温覆盖物，同时减少门窗开启次数，以保持和提高料堆温度。当发菌棚（室）内空间温度上升至 20℃以上时，应将保温覆盖物揭开，并适当开启门窗，以降低温度。

（2）避免光照　用遮阳网、黑塑料膜等覆盖发菌棚的棚顶、四周和发菌室的门窗，尽量让菌袋在黑暗环境中发菌。

（3）控制湿度　保持发菌室（棚）内空气相对湿度在 65%～70%。若发菌室（棚）内湿度太大，可开启门窗通风或放置生石灰吸潮除湿；若发菌室（棚）内湿度太小（如北方地区），可用喷雾器向发菌室（棚）内空间喷洒干净水，以提高空气湿度。

（4）通气换气　接种后菌袋放在发菌室（棚）内，一般在 3 天后菌种块上的菌丝开始萌发，7 天后菌丝开始吃料（菌丝体向基质伸进）。接种后 7 天内无须通风。菌丝体生长"过膀"后，结合当时温度情况每天至少进行 1 次通风换气，一般 11 月份至翌年 2 月份采取午间通风换气，3～6 月份采取早晚通风换气，每次通风时间不低于 30 分钟。具体方法是开启发菌室（棚）的门窗、揭开覆盖物，让外界新鲜空气进入，满足菌丝生长对氧气的需求，同时还可将菌丝体在生长过程中产生的二氧化碳等废气排出。

发菌期间有 2 个高温危险期：一是菌丝体吃料深 5 厘米时，由于这时菌丝生长进入旺盛期，新陈代谢加快，发热量增加，发菌室（棚）内温度积温逐渐升高，若继续紧闭门窗，则会因温度过高而导致菌丝发育不良，因此应及时采用通风等换气方法进行散热降温。二是在菌丝体生长快长满料袋时（大于 2/3），这时菌丝体数量更多，新陈代谢更快，菌丝体发热量很大，应适当增加通风换气的次数并加大通风强度，以免温度过高烧伤菌丝，导致"烧袋"现象发生，降低产量和质量。

4. 综合调控发菌环境　经常检查菌袋菌丝生长速度和生长势头，一旦发现发菌棚（室）内有不利于毛木耳菌丝体正常生长的环境因素，应及时给予调控纠正，将温、光、水、气参数调控在适宜毛木耳发菌的适宜范围。

5. 发菌期病虫害防治　发菌后 10～15 天使用 1 次杀菌消毒剂，可用三乙膦酸铝、复合酚、消毒灵、漂白粉等交替喷施，有条件者可在棚内挂 1 个大型臭氧发生器（200～300 米^3），每日开机 1～2 小时，便能将棚内的有害杂菌杀灭，生产中可根据棚室体积的大小选择臭氧机的功率。制袋多在冬季进行，此期虫害发生率较低，一般 20 天使用 1 次杀虫剂即可，尽量使用菊酯类的中低毒农药，严格按照使用说明进行药液配制，避免使用高毒、高残及含砷、汞、铅制剂农药。

（八）排　场

结合当地气候及资源条件，可采用层架式钢架、竹架或木架，可搭建较为方正的拱棚或八字形斜棚作为出耳棚，采取吊袋、夹袋、井字形、床架上横卧等排袋方式，笔者建议采用层架式出耳。棚架搭建完毕后，使用前 1～2 周，用消毒灭菌剂及杀虫药剂对棚内进行彻底的消毒灭菌及杀虫。菌袋进棚前 2～3天，用甲醛 15 毫升 / 米^3 和高锰酸钾 5 克 / 米^3 熏蒸，地面铺撒石灰粉约 1 千克 / 米^2。气温稳定在 18℃以上时进入出耳管理阶段，将发满菌的菌袋逐个挨着排放完毕，外界条件适宜即可开口出耳。

（九）出耳管理

气温稳定在18℃以上时进入出耳管理阶段。将发满菌丝的菌袋逐个排好后，每袋开2至数个（由摆袋方式而定，参考第三章第二节）1～2厘米长的一字形或V形口（建议不开口或至多开1个口），开口后不能立即喷水。开口部位菌丝恢复生长后，向空中喷雾状水，同时增加散射光刺激，诱导耳基形成。袋口耳基开始形成时，要及时去掉两端袋口上的封口纸，封口纸去迟了，耳基就会形成块状，出现耳蒂大、开片少现象。

1. 诱导催促耳基形成

（1）催耳时间　菌丝长满菌袋10天后，移入出耳棚并排置好，进行催耳作业，促使木耳原基形成。

（2）催耳方法

①去纸搔菌　去掉菌袋两端袋口的封口纸，并进行搔菌处理，方法是用竹片或刀片挑去"老接种块"，同时刮平袋口料面。

②控温提湿　将耳棚内温度控制在18～25℃。开启微喷设施，将耳棚内空气相对湿度提升至85%～90%。

③给光通风　适当给予散射光照。开启棚门每天早、晚各通风换气15分钟。

2. 温、光、水、气综合调控　耳基形成后，需要综合调节温、光、水、气，满足子实体正常发育对环境条件的需求，以利优质高产。

（1）温度控制　耳棚内温度保持在18～30℃，最适温度在24～28℃，温度低于18℃时耳片生长缓慢，温度超过35℃时耳片生长受到抑制，严重时会出现耳片生长停止或流耳。

（2）湿度调节　食用菌栽培水分管理是非常重要的一环。采用常规手工喷水，存在费工费时、用水量大、水资源浪费、喷水效果差等问题，特别是毛木耳出耳期正值高温季节，耳农因长时间在高温湿热的环境中喷水容易发生病害，而且费工费时成本高。

　　笔者团队将微喷灌应用于毛木耳栽培中，并根据毛木耳栽培出耳期间对水分需求规律，设计相应的加湿节水栽培的机械与管网匹配参数，构建了适合毛木耳水分管理的微喷灌设施系统及配套技术，降低了劳动强度，节工、节电、省水，节本增效，有效地解决了目前农事劳动力紧缺和农业单位用工费用大幅度上涨的问题，节约了管水用工成本，提高了食用菌栽培的经济效益和水资源利用效率，促进食用菌产业向省力化、轻简化发展。

　　喷水的目的主要是为了保持耳片生长所需要的水分供给，在满足水分供给的同时，做到节约用水、供需结合。我国个体农户食用菌栽培，多采用园艺或大棚微喷设施及其成套微喷设备，因此推广应用微喷灌技术，适合我国食用菌栽培模式。为满足耳片生长需水，出菇棚空气相对湿度需保持在85%～95%。

　　喷水时要注重少量多次，水滴宜小，呈雾状最佳，绝对不能出现"成线"浇灌状。棚内湿度达到要求后，就要以保湿为主，做到耳片上无积水。管理上要干湿交替，菌袋或耳片不可长期处于高湿条件下，否则易出现流耳；如果湿度不足，耳片边缘就会卷曲发白，这时就要及时喷水保湿。一般晴天早、中、晚各喷水1次，阴天和雨天少喷水或不喷水。

　　①微喷灌增产增效情况　　与手工喷灌相比，微喷技术用工成本可减少56.14%，水资源消耗率和用水成本降低27.08%，能源（电）消耗率和成本降低620.65%，劳动强度降低50%以上；微喷技术给水柔和均匀，不伤菇（耳），产品商品性好，价格更高；微喷技术能有效地控制出水量，可避免在袋口形成积水，防止长期高湿环境，可实现干干湿湿、干湿交替的理想生长环境，使病虫害发生率降低10%以上；微喷技术不需要操作人员长期待在棚内工作，只需短时间地进出耳棚控制水阀，避免了长时间在高湿环境工作对人体的危害。

　　②湿度调节应注意问题　　一是不宜直接使用地下水浇灌，这

是因为地下水温较恒定，与外界温差较大，如果直接喷洒在幼嫩耳基（片）上，会刺激耳基（片）延缓生长。建议使用蓄水池的贮水。二是白天最高温度低于 25℃时，应选择中午喷水；白天最高温度高于 30℃时，应选择早、晚喷水。三是每隔 7～10天用 3%～5% 澄清石灰水或 0.2% 漂白粉水喷施 1 次，以灭菌杀虫。

（3）光照调控 光照强度和类型对耳片颜色和厚度有较大影响，一般采用覆盖遮阳网等措施调控棚内光照强度，使晴天中午光照强度保持 250～310 勒（表 6-1）。

表 6-1 遮阳网层数及遮光率对毛木耳品质的影响

遮阳网层数	晴天中午棚内光强（勒）	耳基整齐度	出耳期感病率（%）	产量（千克/袋）
2 层 75% 遮光率	341.8～413	++	82.78±7.502	0.127±0.008
3 层 75% 遮光率	250.8～312.8	+++	72.78±2.85	0.164±0.006
4 层 75% 遮光率	38.1～38.9	+++	86.11±6.673	0.145±0.023
2 层 75% 遮光率＋1 层 95% 遮光率	76.1～116.6	++	82.59±3.715	0.133±0.006
2 层 75% 遮光率＋2 层 95% 遮光率	6.5	++	68.61±19.72	0.138±0.006

除了遮阳网的层数对毛木耳品质和产量有影响外，遮阳网的颜色对毛木耳品质和产量也有一定的影响。根据笔者前期研究发现，各种颜色遮阳网虽然对产量没有显著差异，但对耳片大小和单片耳重有较大影响，可提高毛木耳的品质。绿色遮阳网不仅外观整洁、靓丽，而且可使棚内光线更柔和，人眼感觉更舒适。同时，考虑到用黑色遮阳网覆盖毛木耳产量较高，最终优选为 75%黑色遮阳网＋25% 绿色遮阳网两层覆盖结构（表 6-2）。

表 6-2 遮阳网颜色对毛木耳品质的影响

颜　色	棚内光照强度（勒）	出耳期感病率（%）	耳片大小（厘米^2）
黑　色	331～447	69.42 ± 2.33[b]	304.51 ± 20.49[b]
绿　色	1 169～1 561	87.48 ± 2.98[a]	385.04 ± 29.32[a]
蓝　色	1 827～2 737	90.92 ± 1.10[a]	343.74 ± 21.60[ab]
红　色	1 943～2 832	84.55 ± 4.92[a]	337.12 ± 18.10[ab]

颜　色	耳片厚度（厘米）	单片耳重（克/片）	产量（千克/袋）
黑　色	0.128 ± 0.003[a]	49.58 ± 4.03[a]	0.161 ± 0.003[a]
绿　色	0.128 ± 0.004[a]	60.27 ± 10.03[a]	0.147 ± 0.010[a]
蓝　色	0.127 ± 0.003[a]	56.57 ± 3.69[a]	0.154 ± 0.004[a]
红　色	0.123 ± 0.003[a]	53.06 ± 3.49[a]	0.164 ± 0.004[a]

注：同列上标没有相同字母的数值相互之间差异显著（P ＜ 0.05）。

（4）通风换气　毛木耳属异养需氧型真菌，它靠消耗氧气，合成分解酶系来分解、吸收栽培料中的营养成分，以满足自身生长所需要的营养。菌丝分解有机物质和子实体、菌丝体的自身呼吸作用，会产生二氧化碳，毛木耳菌丝对二氧化碳的耐受力较强，而子实体恰恰相反，在出耳阶段若二氧化碳浓度过高，耳片分化会受到抑制，形成"指状"的畸形耳。所以，生产中应注意通风换气，满足毛木耳生长发育对氧气的需要，同时排出二氧化碳代谢产物，以免产生毒害。

当白天最高温度低于25℃时应选择中午通风，当白天最高温度高于30℃时应选择早、晚通风。

二、白背木耳栽培技术

白背木耳栽培技术与黄背木耳极为相似，部分技术和设施参数可以参考黄背木耳，故对白背木耳栽培技术仅进行简单介绍。

白背木耳菌袋生产期为 8～10 月份，出耳采收期为 12 月份至翌年 3 月中旬。主要栽培技术环节包括原料选择、准备、拌料、发酵、装袋、灭菌、冷却接种、菌丝培养、排场及开袋出耳等。

（一）拌 料

培养料主料有木屑、甘蔗渣、棉籽壳及农作物秸秆等，辅料有麦麸、石膏、碳酸钙等，拌料前不易吸透水的材料需要预湿，拌料时按照配方称取培养料，用搅拌机或拌料机拌匀，含水量控制在 55%～60%，pH 值 5～7。拌料完毕后，闷堆发酵 10～15 天，期间每隔 3 天翻堆 1 次。目前，福建省漳州白背木耳栽培均采用发酵料制袋，制袋成功率高。

（二）装 袋

白背木耳栽培常用 17 厘米×38 厘米、厚 0.04～0.05 厘米规格的折角聚丙烯塑料袋，可人工用手装袋，也可用小型装袋机或冲压式装袋机进行作业。装袋时要求装料紧实，上松下紧，袋面平整光滑，没有尖锐凸起物，用手托起料袋中部不会弯曲，每袋料装 18～20 厘米，需装湿料 1.2 千克左右。

（三）灭 菌

装袋完毕后立即进行灭菌，灭菌方式有常压灭菌方法和高压灭菌方法，具体方法与黄背木耳料袋灭菌方法相同。

（四）接 种

采用三级菌种（栽培种）的菌丝应为洁白、致密、略有排比现象（菌丝横向排列较整齐的现象），菌龄 40～50 天，接种在无菌室或接种箱（需要提前消毒灭菌处理）中进行。也可采用开放式接种，即在空气波动"相对静止"的场所内，不采取熏蒸、喷雾消毒等灭菌过程，直接进行接种。一般以当日晚上 9 时后至翌日中午 10 时前为最佳接种时间。采用 750 毫升玻璃菌种瓶，一般 1 瓶菌种可以接种 15～25 袋栽培袋。为减少接种时不必要的杂菌引入，要求接种操作快速、熟练，单次接种量均匀，严格按照无菌操作规程进行。

（五）发　菌

接种后的培养料菌袋可直接搬至专用耳棚内进行堆叠发菌。一般采用墙式堆叠栽培法，排叠培养料菌袋的行距约 1 米，长度 3～5 米，分两边排列，中间留 1～1.5 米的过道。堆叠最底层用砖头与地面隔开，离地面约 10 厘米，每堆叠 1 层栽培包，在其上面按间距 5～8 厘米放置 2 根竹竿，既利于承担菌袋重量，也便于通气散热。然后在竹竿上再堆叠第二层菌袋，如此层叠，直至高度达 1～1.5 米。排袋结束后，开始发菌，生产中需参照当地自然温湿度变化和毛木耳菌丝生长的适宜温度（20～30℃），将棚内温度控制在 30℃以内。由于栽培菌袋内部温度不易散去，往往高于料袋表面温度，为防止"烧菌烂棒"现象发生，棚温以控制在 20～25℃为宜。可根据发菌袋料内、外温度情况，通过适时掀、盖耳棚周围的草苫或遮阳网等遮盖物，调节发菌环境温度；掀开盖耳棚内层或棚两端或四周薄膜，使棚内外空气进行流通，以调节棚内湿度和温度，使棚内空气相对湿度控制在 70% 左右。一般接种后 30～35 天，菌丝即可长满整个菌袋。

（六）排　场

白背木耳在出耳管理上与其他毛木耳有所不同，排袋出耳方法与黄背木耳相似。这里介绍活动式床架堆袋出耳方法：在地面横向间距 1 米，纵向间距 2～3 米，直立插入 1 根不锈钢或竹竿，在横向立杆之间垫一层砖，在砖上面排放 2 根细竹竿，然后在竹竿上面排袋，如此反复地排竹竿和堆放菌袋，一般堆 10～15 层菌袋，其高度以便于采收木耳为宜。

（七）出　耳

出耳即诱导菌丝体由营养生长转向生殖生长形成子实体的过程。排场完成后，打开袋口诱导耳基形成。一般在棚内温度达到15～20℃时，用刀片在距袋口1～2厘米处将塑料膜和塑料圈去掉，料外留1～2厘米长塑料膜，以防喷水时水进入袋内。一般棚内温度高于25℃不开袋出耳，这是因为出耳温度高、湿度大，菌丝代谢旺盛、长势快，易使耳基发育不理想，不仅易发生病虫害，而且耳片也会变薄、组织密度降低，形成差耳。因此，在菌丝满袋后，若出耳棚温度偏高，开袋出耳的时间应适当推后，避免高温出耳造成不必要的损失。生产中白背木耳的出耳管理应掌握以下技术要点。

1. 水分管理　从排场开袋至耳基形成期间，喷水保湿非常关键，棚内空气相对湿度控制在80%～95%。所用水源必须符合国家饮用水相关标准，切忌直接向开袋口处喷水，可喷向空间、地面，达到保湿效果即可；给耳片洒水时，喷细雾状水最为理想。

在子实体分化的不同阶段，应合理进行水分管理，在菌袋开口至表面发生大量耳芽原基，再到原基分化逐渐发育为"杯状"的耳芽阶段，空气相对湿度要逐渐加大至90%左右。随着耳片继续发育，需水量也在增加，耳棚内空气相对湿度提高至90%～95%，以促进耳芽生长发育。若耳棚保湿性较差或浇水量不足，出现耳芽干硬、光泽度差的情况，应立即向耳芽表面喷洒少量雾状水，并提高耳棚内空气湿度，使耳芽保持湿润状态。切忌直接向耳片喷雾，保持耳片湿润即可。

当耳片长至5～6厘米时，喷水需转换为时喷时停，保持耳棚干湿交替，一般喷水与通风换气结合进行，以减缓耳片的生长速度，促使耳片积累养分，增厚耳片，提高耳片的商品性。一般在耳片成熟采收前3天要停止喷水，降低耳片的含水量，以利于鲜耳运输保存或干耳的后期加工。

2. 温度管理　达到出耳温度条件后即可出耳，诱导菌丝体由营养生长转向生殖生长。由于毛木耳不同菌株的生物特性有差异，有的菌株需要温差刺激或水刺激或光刺激等，有的菌株不需温差等刺激也可出耳。原基形成后，一般大棚温度不宜大幅度升降，特别是不宜高温。

3. 通风换气　耳片生长期间，要加强通风换气，保持耳棚空气清新。通风不良，棚内会积累大量二氧化碳，致使发生畸形耳。通风管理一般与喷水管理相结合，喷水前将耳棚两端或耳棚四周的薄膜卷起进行通风换气，有条件的可以在出耳棚顶端或耳棚两端安装排气装置，以减少工作量；喷水后耳棚需要通风换气1小时左右，方可把薄膜放下或关闭排风机，使棚内空气相对湿度保持在 90% ～ 95%。

4. 保持适宜光照　光线强弱对耳片颜色和茸毛生长影响很大，白背木耳子实体在适当散射光照射条件下才能正常生长发育。光照强度以 100 ～ 500 勒为宜，即以人走进耳棚内能顺畅地阅读报纸上的文字为宜。

第七章
毛木耳病虫害绿色防控技术

毛木耳病虫害防控原则是"预防为主，防治结合"，采取物理防治为主、化学防治为辅的综合防治策略，最大限度地减少杂菌及害虫危害。

一、绿色防控措施

（一）生态调控

重点推广采用抗病虫品种、优化栽培出耳布局等健康栽培措施，并结合天敌保护和利用等生物生态防控技术，治理容易发生病虫害的环境和源头，人为增强自然控制病害的能力。生产中，生态调控技术的利用，主要体现在耳场的选择、设计、耳场卫生标准、选择适宜栽培品种上。选择毛木耳生产基地或耳场，应该首先考虑交通方便原则，其次要从病虫害防控的角度进行考虑，应选择通风、向阳、地表干燥、地势开阔、无低凹、无积水、无任何污染源，且水质干净、进排水方便的地方。如果是山区或丘陵地带可选择通风透气性好且无污染源的河边。同时，耳场的设计也在很大程度上影响了病害的发生，从安全防治的角度出发，设计耳场应当把原料贮藏库、配料场、废料处理场等易带有害生物来源的场所与菌种室、接种室、培养室等易感染区分隔开来。

（二）理化诱控

理化诱控是为防治有害昆虫而采取的一系列抓捕、诱杀措施的统称，根据昆虫本身的趋性设计而成。为了提高所需要消灭害虫的能力，常将害虫的性诱惑物质、植物源诱捕物质或者性诱惑、植物源信息素相结合混合搭配，使其能够有效地减少、驱避或者诱杀标靶害虫，以达到保护生物多样性和控制害虫的作用。生产中，常用引诱剂、聚集素、昆虫诱杀灯及带色素的黄板、蓝板等诱虫板来防治对食用菌有害的昆虫。同时，研究人员和生产者也在积极努力地探索诱控性植物源信息、捕杀性食物诱饵等防控技术。为了减少投入成本，应充分利用太阳能、频振式和诱射式杀虫灯等，这些工具既环保又节能。频振式杀虫灯利用起来比较方便，但生产中需注意杀虫灯安装高度、灯亮时间的长短，特别是阴雨天，一定要做好安全措施，避免造成人身安全隐患和财物损失。另外，还可采用性信息素诱杀技术，性信息剂主要是基于昆虫对于自身生长规律交尾的不可抗拒性，利用昆虫身上所含有的性信息物质，诱惑其前来从而达到捕杀目的。四川省什邡等主产区在毛木耳生产中还常用防虫网隔离和隔离膜隔离。理化诱控措施既环保又节约，而且安全有效。

（三）生物防治

生物防治主要措施是保护和利用害虫在自然界的天敌、开展性激素防治虫害等，就是利用一种生物对付另外一种生物的方法，包括以虫治虫和以菌治虫。目前，已有通过蜘蛛防控毛木耳菌瘿蚊、菌蝇、小菌蚊、黑粪蚊等主要虫害的研究，并取得较好的防效；但蜘蛛在耳棚内四处织网，不利于毛木耳生产管理，容易造成病害滋生和传播，还需进一步深入研究。生物防治中的以菌治虫技术目前研究较为深入，如苏云金杆菌、白僵菌、绿僵菌、颗粒体病毒、核型多角体病毒等已被开发成多种生物防治的

产品，其中白僵菌和苏云金杆菌应用广泛，是毛木耳虫害安全有效的生物防治材料。

（四）综合防控

在毛木耳生产过程中，首先要对栽培袋、培养料进行彻底灭菌，防止培养料带菌。其次在制种过程中严格操作，不能存在污染（往往 1 个污染就会造成菌袋群污染）。在装袋、灭菌、搬运过程中要小心操作，尽量避免菌袋的破损。发菌和出耳管理应该保持棚室良好通风，建议将淋灌或浇灌改为微量雾状喷灌，尽量使耳棚处于干湿交替的状态。同时，要求温度不能过高、湿度不能过大，以免引起烂耳；保持棚架周围环境清洁，及时清除发菌室（棚）、出耳棚及周边的杂草、垃圾、废弃物，并远离水塘、积水、腐烂堆积物，菌袋进棚前利用太阳光线直射耳棚，以减少病虫害发生；经常检查菌袋菌丝生长情况，一旦有杂菌污染菌袋，应及时隔离去除，防止蔓延传播。在发菌室（棚）和出耳棚的门窗上安置防虫网，防止害虫侵入，还可在发菌室（棚）内、外设置杀虫灯和黄色黏虫纸板，诱杀害虫。若发生螨类、瘿蚊和跳虫等害虫，可用炔螨特、阿维菌素、菇净（有效成分氟氯氰菊酯、甲氨基阿维菌素）或氟虫腈等药剂喷洒防控。在消毒、杀菌、杀虫过程中，选用低毒、低农残、符合国家规定的药剂，保证食品安全（表 7-1，表 7-2）。

表 7-1　食用菌生产场所常用消毒剂和使用方法

名　称	使用方法	适用对象
乙　醇	75% 溶液，浸泡或涂擦	接种工具、子实体表面、接种台、菌种外包装、接种人员的手等
紫外线灯	直接照射，紫外线灯与被照射物距离不超过 1.5 米，每次照射 30 分钟以上	接种箱、接种台等消毒，不应对菌种进行照射

续表 7-1

名　称	使用方法	适用对象
高锰酸钾 / 甲醛	高锰酸钾 5 克 / 米 ^{2} ＋37% 甲醛溶液 10 毫升 / 米 ^{3}，加热熏蒸，密闭 24～36 小时，开窗通风	培养室、无菌室、接种箱
高锰酸钾	0.1%～0.2% 溶液，涂擦	接种工具、子实体表面、接种台、菌种外包装等
煤酚皂液（来苏儿）	0.5%～2% 溶液，喷雾	无菌室、接种箱、栽培房及床架
	1%～2% 溶液，涂擦	接种人员的手等皮肤
	3% 溶液，浸泡	接种器具
苯扎溴铵溶液（新洁尔灭）	0.25%～0.5% 溶液，浸泡、喷雾	接种人员的手、培养室、无菌室、接种箱，不应用于器具消毒
漂白粉	1% 溶液，喷雾，现用现配	栽培室和床架
	10% 溶液，浸泡，现用现配	接种工具、菌种外包装等
硫酸铜 / 石灰	硫酸铜 1 克＋石灰 1 克＋水 100 毫升，喷雾，涂擦，现用现配	栽培室、床架

表 7-2　食用菌生产常用农药及使用方法

名　称	防治对象	用法和用量
石　灰	霉菌	5%～20% 溶液喷洒；撒粉；可与硫酸铜合用
甲　醛	细菌、真菌、线虫	5% 溶液喷洒；每立方米空间用 5 克高锰酸钾＋10 毫升甲醛熏蒸
高锰酸钾	细菌、真菌、线虫	0.1% 溶液洗涤消毒或喷洒消毒
石炭酸	细菌、真菌、昆虫、虫卵	5% 溶液喷洒

续表 7-2

名　称	防治对象	用法和用量
氨　水	害虫、螨类	17°液熏蒸菇房，或加 520 倍水拌料
敌敌畏	菇螨类、螨类	0.5% 溶液喷洒；每 222 米² 用 1 千克熏；原液塞瓶熏蒸
漂白粉	细菌、线虫、"死菌丝"	3%～4% 溶液浸泡材料；0.5%～1% 溶液喷洒
硫酸铜	真菌	0.5%～1% 溶液
多菌灵	真菌、半知菌	1:800 倍拌料；1:500 倍喷洒
苯菌灵	同上	同上
甲基硫菌灵	同上	同上
百菌清	真菌、轮枝霉	0.15% 溶液喷洒
代森锌	真菌	0.1% 溶液喷洒
二嗪磷	菇蝇、瘿蚊	每吨培养料用 20% 乳剂 57 毫升拌料
马拉硫磷	双翅目昆虫、螨类	0.15% 溶液喷洒
除虫菊	菇蝇、菇蚊、蛆	见产品说明书
鱼藤精	菇蝇、跳虫等	0.1% 溶液喷洒
食　盐	蜗牛、蛞蝓	5% 溶液喷洒
三氯杀螨砜	螨类、小马陆、弹尾虫等	1:800～1 000 倍溶液喷洒
杀螨砜特	同上	同上
鱼藤精＋中性肥皂	壳子虫、米象等	鱼藤精 0.5 千克＋中性皂 0.25 千克加水 100 升喷洒
亚砷酸＋水杨酸＋氧化铁	白蚁	80% 亚砷酸＋15% 水杨酸＋5% 氧化铁施于蚁巢
煤焦油＋防腐剂	白蚁	配成 1:1 混合剂涂于材料上
二氧化硫	一般害虫	视容器大小适量熏蒸
茶籽饼	蜗牛、蛞蝓等	1% 溶液喷洒
链霉素	革兰氏阴性菌	1:50 溶液喷洒
金霉素	细菌性烂耳	1:500～600 倍溶液喷洒

二、主要病害及防控

（一）常规性杂菌

1. 木霉　又称绿霉，属子囊菌门，粪壳菌纲，肉座菌亚纲，肉座菌目，肉座菌科，木霉属，是侵染培养基质最严重的竞争性杂菌，常见的有绿色木霉和康氏木霉两类。

（1）危害特点　一旦环境条件适宜，木霉孢子便迅速萌发，初期为纤细白色絮状，2 天左右就能产生绿色的分生孢子团并将料面覆盖，使毛木耳菌丝停止生长，最后整个菌落覆盖料面，使之形成深绿色或蓝绿色。其孢子适应强、尤其喜欢酸性环境，其菌落呈同心圆轮纹、深黄绿色至蓝绿色，边缘仍为白色，产孢区老熟自溶，木霉菌生长很快，特别是在高温高湿的条件下，几天内整个料面就会被木霉所覆盖。多年的老菇房、带菌的工具和场所是主要的初侵染源，已发病所产生的分生孢子可多次重复侵染，在高温高湿条件下再侵染更为频繁，因此高温高湿、通气不良和呈偏酸性的培养料很容易滋生木霉。

（2）防控方法　主要从加强栽培管理进行防控。保持环境清洁；减少菌袋在制作过程破损；科学配方，防止营养过剩；培养料袋灭菌彻底；菌袋抢温接种；保持原种的纯净度和生命力；调温接种，恒温发菌；发菌期间及时挑出污染菌袋；出耳期间调整干、湿度，保持通风。

2. 曲霉　属子囊菌门，散囊菌纲，散囊菌目，发菌科的曲霉属。

（1）危害特点　孢子较耐高温，食用菌生产中常由于灭菌时间不够、致使灭菌不彻底而发生危害。常见的种类有黄曲霉、黑曲霉和灰曲霉。曲霉分布广泛，存在于土壤、空气及各种腐败的有机物上，分生孢子靠气流传播。曲霉对温度适应广，并嗜高温，如烟曲霉在 45℃或更高温度条件下生长旺盛。适合曲霉生长的酸碱度为近中性，湿度大、通风不良也容易发生；另外，培养料灭菌不彻底、接种过程中不严格消毒灭菌易引起曲霉的污染。曲霉菌落大部分呈淡绿色，类似青霉菌，不仅污染菌种和培养料，而且危害人的健康。黄曲霉能产生黄曲霉素，引起人、畜中毒，是一种很强的致癌物质。黑曲霉和烟曲霉产生的孢子浓度高时，可成为人体的致病菌，寄生于肺内发生肺结核式的症状，这种病叫曲霉病或"双孢蘑菇工人肺病"。受污染的菌种或菌袋，培养面表面长出黑色、黄绿色、蓝绿色等不同颜色的颗粒状霉层。

（2）**防控方法** 生产中主要通过栽培管理措施进行防控，如降低发菌温湿度、减少基质中速效性营养成分、培养料充分预湿并彻底灭菌。

3. 链孢霉 又称好食脉孢霉，属子囊菌门，粪壳菌纲，粪壳菌亚纲。

（1）**危害特点** 链孢霉是高温季节菌袋生产中的主要杂菌，在生产场地存在病原时，操作不当极易引起侵染危害。链孢霉菌丝生长快速，在试管内第一天感染，第二天便长满试管，第三天便产生橘红色或白色的分生孢子，第五天便可透过棉花塞长出橘红色的孢子团，孢子随风四处飘落，引起大面积污染。在高温潮湿的玉米芯表面极易长出链孢霉，pH 值为 5～8 时最适宜生长，可在 1～2 天内传播整个培养室，也可在短期内覆盖子实体造成腐烂。

（2）**防控方法** 做好菌种和发菌场所的清洁卫生，一旦发现菌袋污染长出链孢霉，立即用薄膜袋套住，放入灶膛内烧毁或放置在远离耳场的地方深埋。对于长出袋口的链孢霉，由于孢子极易撒落，在拿出发菌场所时，先向橘红色链孢霉孢子团上浇适量机油，可防止孢子四处飘落。

4. 根霉 为喜高温的竞争性杂菌，属于接合菌门，毛霉目，毛霉科，常见危害种类为黑根霉。

（1）**危害特点** 高温期食用菌生产，常遇根霉侵染危害，严重时可侵染危害 40% 以上。如果是在接种时带入根霉，则会快速占领培养料表面，导致接种失败。

（2）**防控方法** 参照木霉防控方法。

5. 酵 母 菌

（1）**危害特点** 是一种引起食用菌淀粉类培养基变质的杂菌，广泛分布于土壤、空气、谷粒、麦粒中，酵母菌侵染后，试管培养基上可形成表面光滑、湿润、油脂状或胶质状的菌落，有的呈乳白色，有的呈粉红色或黄色；有的具黏性，有的不具黏性；有的菌落边缘整齐，有的则不整齐；有的菌落表面光滑。培养料被该菌污染时，可引起培养料发酵、发黏、变质，并散发出酒酸气味，从而抑制食用菌菌丝生长。接种时操作不慎易被酵母菌污染，致使菌袋报废。

（2）**防控方法** 在制作麦粒种时，为防止被酵母菌污染，用 5% 石灰水浸泡麦粒 2 天，捞起后装袋（瓶）灭菌，可有效防止酵母菌污染。同时，料袋灭菌彻底、恒温发菌、规范接种也是防止酵母菌污染的重要手段。

6. 毛霉 又叫长毛菌、黑霉菌。侵害毛木耳的毛霉主要是总状毛霉，又名长毛霉、黑色面包霉，属接合菌门，毛霉目，毛霉科。

（1）**危害特点** 毛霉虽然不能抑制毛木耳菌丝生长，但与毛木耳争夺养分，造成产量下降。毛霉广泛存在于土壤、空气、粪便及堆肥上，只要温度、湿度适宜就可萌发出菌丝，特别是在高温高湿条件下生长极为迅速。在制种和栽培过程中灭菌不彻底、消毒不严格、培养料水分过大、培养室湿度过高、棉塞受潮等均易造成污染。

（2）**防控方法** 参照木霉和曲霉的防控方法。

（二）侵染性病害

目前，毛木耳生产中大规模发生的侵染性病害主要有褐腐病和油疤病，传染性和危害性极大，发生频率也较高，需要特别注意。

1. 褐 腐 病

（1）**危害特点**　褐腐病又称白腐病、水泡病，病原菌系油孢霉。分生孢子和厚垣孢子只感染毛木耳子实体，不感染菌丝体，严重时子实体分化受阻，形成畸形耳。

（2）**防控方法**　在病区喷洒 50% 多菌灵可湿性粉剂 500 倍液，或 1%～2% 甲醛溶液灭菌。制袋时尽量减少破袋、灭菌彻底、严重时需将病耳烧毁，均是防控褐腐病的有效手段。

2. 油 疤 病

（1）**危害特点**　毛木耳油疤病的病原菌为枝霉属，该病菌仅感染毛木耳菌丝体，不感染子实体。在毛木耳菌丝培养阶段，菌袋任何部位均可受到病原菌的侵染，侵染后菌袋表面菌丝层形成油渍状褐色病斑，病斑色泽逐渐加深并逐渐向周围扩展，形成较为坚硬的皮包裹在菌袋表面，无明显异味。

毛木耳菌丝体生长先端受到病原菌侵染，菌丝不能继续生长。菌丝未生长的区域，易被其他杂菌污染。

菌袋横切面上可观察到侵染前期和中期的菌丝体分为明显的两部分，被侵染部分形成较坚硬的组织，包裹在菌袋表面。被侵染前期和中期，其内部菌丝洁白，无异味，生长正常。

随着病斑扩大和病情发展，侵染后期病斑逐渐变为深褐色，最后变为黑色，菌袋也变黑、变软，菌袋外部菌丝体坚硬的组织消失，常出现异味。菌袋横切后可见内部菌丝消融，培养料松散，常有大量绿色孢子或其他微生物的生长。

将病原菌接种在毛木耳菌丝体中，在常温条件下放置 70～90 天，可见菌种瓶表面形成大量白色粉状物。

（2）**病害分级**　通过调查证实，油疤病油渍状病斑大小、出现早晚与毛木耳产量有明显的相关性，病斑占菌袋表面积的比例越大，对产量的影响越明显，当病斑包裹菌袋的大部分面积时菌袋停止出耳。

参照叶斑病和锈病的分级标准，将毛木耳油疤病按照发病轻重分为 7 级，其分级标准如表 7-3 所示。发病根据生产管理习惯和耳棚内菌袋发病情况，在培养菌袋阶段结束、菌袋上架出耳时，若病斑面积超过菌袋表面积的 50%，已基本失去出耳的价值，一般被废弃；上架后的菌袋，若病斑面积超过菌袋表面积的 50%，按照常规病斑扩展速度需 40～50 天，此时菌袋出耳进入中后期，病斑继续扩大对产量的影响已不明显。因此，在本项研究中将病斑占菌袋表面积 50% 以上定位为最高发病级别 7 级。

表 7-3　毛木耳油疤病菌袋的分级

病　级	发病程度	代表数值
1	无病或几乎没有病斑	0
2	病斑占菌袋表面积低于 5%	1
3	病斑占菌袋表面积 6%～10%	2
4	病斑占菌袋表面积 11%～20%	3
5	病斑占菌袋表面积 21%～30%	4
6	病斑占菌袋表面积 31%～50%	5
7	病斑占菌袋表面积 51%～100%	6

（3）**防控方法**

①选用抗病品种　当前还没有对柱霉具有抗性的毛木耳栽培品种。试验表明，在四川省使用 781、上海 1 号品种或菌株，抵抗病菌的抗性优于其他品种或菌株。

②注意环境卫生　随时将毛木耳发菌棚（室）和出耳棚内、外的废弃菌袋、垃圾、杂草、积水等清除掉，时常保持棚（室）

内、外环境卫生，减少油疤病等病原菌和害虫的滋生环境。

③调节酸碱度　拌料时可适当增加石灰用量（4%～6%），以提高基质 pH 值；减少菌袋在装料、搬运过程中的损坏，料袋彻底灭菌。

④改进耳棚喷水方式　耳棚喷水以雾状喷灌为佳，同时保持耳棚通气良好，尽量使耳棚干湿交替，在大棚四周和地面撒生石灰进行消毒。在休棚时，去掉遮阳物，让阳光暴晒。

⑤低温发菌　菌袋在 18～20℃环境下进行"低温"发菌，可有效控制油疤病危害。

⑥化学药剂防治　用 50% 咪鲜胺锰盐可湿性粉剂按 1:800～1 000 进行药剂拌料，防治率达 78.855%；以细土为介质，与 50% 咪鲜胺锰盐可湿性粉剂按 1:250～500 比例混合物对病灶处进行涂抹，防治率达 87.5%～93.75%。

（三）生理性病害

毛木耳生理性病害主要是由不适宜的栽培环境条件或不适当的栽培措施所引起的，如栽培原料的组成和比例、栽培基质含水量、栽培料的酸碱度、外界环境条件（光照、温度、空气湿度、二氧化碳浓度等）出现极端情况等，致使菌丝体发生生理障碍，耳片畸形萎缩、菌丝活力下降等，最终导致耳片质量下降。生理性病害没有致病原，不传染。毛木耳主要生理病害有畸形耳及肥害症、着色症等。

1. 畸形耳　耳片在生长过程中受到不良环境的影响（如二氧化碳浓度高、材料挤压耳片等），使得耳片变形，最终影响木耳的商品性。防控方法：①出耳棚放置的出耳袋数应加以控制，不可过多；在棚两侧安装通气排风扇，并定时揭膜通风换气，有条件的可以安装二氧化碳控制箱。②发现畸形耳应立即改善通气状况，采取相应措施抢救现场，使之尽快恢复；严重畸形的耳片应立即摘掉，以免影响下一茬耳的发生。③由低温引起的畸形耳，可用炉火对耳棚进行加温。但要注意不可将炉子放置在耳棚内，以免直接烧炉引发一氧化碳、二氧化碳中毒，造成更严重的畸形耳。

2. 干死耳　主要是由于空气干燥，使菌袋和幼耳长期处于低湿度环境中，引起菌袋失水，从而使幼耳失水死亡。防控方法：在菌袋发菌结束进入出耳大棚后，应严格水分管理，保持适宜的空气湿度，防止出现干死耳现象。

3. 湿死耳　主要是由于出耳棚空气湿度过高或喷水过重，而引起的流耳、菌袋腐烂现象。防控方法：耳棚出耳期间加强水分管理，保持适宜的空气湿度，防止湿度过大而出现湿死耳现象。

4. 药害耳　主要是由于不合理施用药物引起的耳片着色、变形等影响商品性的现象。防控方法：出耳期应尽量使用物理方法防治病虫害，不施或少施农药。

三、主要虫害及防治

（一）多 菌 蚊

1. 危害特点　多菌蚊属于双翅目长角亚目菌蚊科多菌蚊属，俗称耳蚊或耳蛆，是食用菌栽培中最重要的害虫之一。幼虫直接危害毛木耳菌丝和耳片，咬食耳片导致耳基变黑变黏，引起流耳并感染杂菌，对产量影响非常大。

2. 防控方法　合理选择栽培场地，严格卫生；多品种轮作，切断菌蚊食源；搞好培养料的预处理，合理施用农药；耳棚安装杀虫灯、黄板、防虫网等物理防控工具；对症用药，进行药剂防控。

（二）菌 蝇

1. 危害特点　菌蝇以幼虫危害毛木耳、黑木耳等子实体和菌丝体，最终导致烂耳和子实体萎缩、干瘪死亡。同时，还可引起杂菌污染，使菌棒（培养料袋）发生水渍状腐烂，严重影响毛木耳的产量。菌蝇每年可繁育多代，10～30℃条件下成虫均可以产卵繁殖，30℃以上成虫不育死亡。成虫喜欢在烂果、发酵料上取食和产卵，幼虫孵化后取食毛木耳菌丝体和子实体。

2. 防控方法 根据成虫喜欢在烂果、发酵料上取食和产卵的特性，在耳棚发现成虫时用80%敌敌畏乳油1 000倍液喷洒烂果或发酵料诱杀成虫。

（三）螨　类

1. 危害特点 螨虫属于节肢动物门蛛形纲蜱螨亚纲蜱螨目的一类体型微小的动物，危害毛木耳的螨虫种类繁多，主要有腐食酪螨、木耳卢西螨、速生薄口螨、害长头螨等。在从幼螨到成虫的成长过程中，螨虫类多取食毛木耳菌丝体和子实体，致使流耳、耳片干瘪死亡，最终导致培养基失去出耳能力。

2. 防控方法 ①选用高抗和无螨菌种。②安全高效杀螨剂防治。可选用80%三乙膦酸铝可湿性粉剂500～800倍液，或34%螺螨酯悬浮剂4 000～5 000倍液，或4.3%甲维·高氯氟水剂1 500～2 500倍液喷雾。③注意环境卫生，耳棚严格消毒。④发现带螨菌袋立即清除，并带出耳棚焚烧处理。⑤菜籽饼诱杀，方法是在遭受耳螨危害的栽培料面上铺若干块湿布或纱巾，把刚炒香的菜籽饼撒在其上，待大量螨虫聚集到上面时，将布取下置于沸水或火中，即可杀死螨虫。⑥糖醋液诱杀，方法是将1份醋酸、1份清水、0.1份白糖混匀后滴入适量敌敌畏，即成糖醋液。用药液浸湿纱布或棉花放在料面上，待螨虫群聚其上时，将布或棉花取下置于沸水中烫死。重复操作，直至无螨为止。

（四）夜　蛾

1. 危害特点 夜蛾属鳞翅目夜蛾科昆虫。危害毛木耳的蛾类主要有食丝谷蛾、夜蛾，危害毛木耳的夜蛾主要有毛木耳尖须夜蛾和毛木耳星狄夜蛾。毛木耳星狄夜蛾咬食菌丝体和耳片，最终导致无法出耳，即使出耳也会在耳片上留下虫洞，且被其粪便污染，严重影响其商品性。

2. 防控方法 少量发生时，进行人工捕捉，当大量发生时可用菇净1 000倍液喷雾防治，用药1次就可以杀死当代幼虫。

（五）马 陆

1. 危害特点 马陆属节肢动物门多足纲圆马陆科，身体有多节，头部有触角，足多对。15℃以上开始活动，喜生活在潮湿的地方，多以枯枝落叶为食。马陆主要取食毛木耳菌丝体和幼小子实体，被害耳床培养料变黑发黏，并有马陆特有的味道。

2. 防控方法 在菌包进入耳棚摆袋之前，彻底清除耳棚内、外的废物，并用石灰等进行彻底消毒处理。同时，保持耳房清洁卫生，适当降低耳棚空气湿度，提高光照强度，并用菇净1 000倍液喷施于料面和整个耳房。发现马陆危害耳片立即进行人工捕捉。

（六）蛞 蝓

1. 危害特点 蛞蝓属软体动物门腹足纲柄眼目蛞蝓科，又名鼻涕虫，为陆生、软体圆柱状的动物，体呈灰色、黄褐色或橙色，身体经常分泌黏液，爬行路径上留下银灰色的痕迹，喜爱夜间活动，雌雄同体，交尾产卵。危害毛木耳的蛞蝓主要有野蛞蝓、双线嗜黏液蛞蝓、黄蛞蝓3种，危害最严重的是双线嗜黏液蛞蝓。蛞蝓危害毛木耳主要是咬食菌丝体和原基，造成孔洞，留下银灰色的爬行痕迹，严重影响耳片的质量。同时，分泌的黏液携带传播病菌，引起菌棒交叉感染病害。

2. 防控方法 每隔3～4天在出耳房内地面和四周撒施干石灰粉；平整地面，减少蛞蝓的藏身之地，还可人工捕捉；在蛞蝓

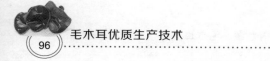

大量发生时，可在蛞蝓活动处用5%食盐水喷洒。

（七）蜘　蛛

1. 危害特点　蜘蛛是一类分布广、种群数量大、随处可见的陆生节肢动物。蜘蛛在耳棚内四处织网，易造成病害的滋生传播，而且不利于毛木耳栽培管理。另外，蜘蛛对木耳菌瘿蚊、菌蝇、小菌蚊、黑粪蚊等主要害虫有较好的防控效果，有防治毛木耳虫害的作用。

2. 防控方法　耳片采收后用0.3%印楝素乳油1 500倍液，或1.3%苦参碱水剂1 500倍液对耳架喷施，有较好的防效。

第八章

毛木耳采收与加工技术

毛木耳采收与加工是整个生产过程中的最后一个关键步骤，直接影响其产品产量和品质。

一、适时采收

（一）采收标准

毛木耳子实体成熟时间与出耳期积温、开口数量密切相关，温度越高、开口数量越少出耳期越短。一般第一潮耳生长期在4～5月份，若有2～3个出耳口，子实体从耳基形成到耳片成熟需40～55天，子实体从幼耳期到成熟期耳片颜色由深转淡并逐渐长大，直至充分舒展、边缘卷曲、褶皱增多、光滑面耳灰由多变少至完全消失、耳背茸毛逐渐变短。

子实体的最佳采收期为八九成熟时（即光滑面耳灰快要完全消失时），此时耳片大小已接近最大，而且耳片厚度、颜色深浅和茸毛长度适中，商品性最好。完全成熟时采收，则耳片薄、颜色浅、茸毛短，商品性差；若过熟才采收，子实体会弹射出大量孢子，并附着在耳片上，孢子萌发形成一层白色斑状物，不仅严重影响其商品性，降低产量，还会延迟下潮耳基的形成。若子实体成熟期遇连续阴雨天气，应提前至七八成熟时采收。采收后不

能堆积在一起，避免耳片呼吸产热致使发酵腐坏，应尽量摊开并加强通风。

（二）采收方法

毛木耳采收方法有两种：一是直接拔取耳片，不留耳基。二是用刀割取耳片，留下耳基，有利于耳片再生，提早出耳，但易使耳基感病腐烂。黄背木耳常采用直接拔取耳片的方式，福建等地白背木耳产地常采用割取采收的方式。

黄背木耳成熟期参差不齐，采收时应采大留小。由于棚内空间温度从上到下依次降低，子实体也是从上到下依次成熟，故采收时一般先摘顶部 4 层耳片再采中间 3 层，最后采最下面的 2 层。采收最好选择连续晴天时进行，采收前 1 天停止喷水，以利于干燥；量大时应起大早采收，尽量赶在上午太阳光强时及时晾晒。

白背木耳成熟期较集中，应一次性采摘完毕，以便下茬耳的生长管理。

（三）盛耳容器

木耳采收后放置在簸箕、塑料托盘、罗兜、泡沫箱、背篓、竹筐、木桶、斗车等容器中，注意轻放轻取，防止互相挤压损坏，保持子实体的完整。特别要注意不宜采用麻袋等容器，以免造成外观损伤或霉烂。采下的鲜耳要按耳体大小、朵形好坏进行分装，以便加工。同时，要求盛耳用具干净卫生，如果采用塑料制品应符合《GB 9687—88 食品包装用聚乙烯成型品卫生标准》和《GB 9688—88 食品包装用聚丙烯成型品卫生标准》。

（四）晾晒方法

采收后的耳片，去掉耳基脚所带培养料，用洗耳机清洗杂质和孢子粉后，单片摊放在洁净的竹笆上或晒席上，晴天太阳下 2

天即可完全晒干。当天没有晒干的最好不要收回，防止堆积后使半干的木耳回潮而变形，影响商品性。注意不能在水泥地上摊晒木耳，因为水泥中含有多种有害人体的物质甚至致癌物质，可能黏附于耳片，导致产品质量安全隐患。晒干的耳片应及时装入洁净的塑料袋内，在干燥阴凉的库房内保存，根据市场动态适时销售，以获得较好收益。

采收后因天气原因不能及时晾晒，耳片由于弹射孢子而形成白色菌斑，可以先通过揉搓或用专业搅拌罐搅拌去除菌斑，然后晾晒，否则影响木耳的商品性。

二、分级、包装、贮运

（一）毛木耳分级

毛木耳分级标准现行的是《中华人民共和国农业部 NY/T 695—2003 毛木耳标准》，由福建省乡镇企业产品质量监督检验所、福建省南靖嘉田木耳开发公司起草，该标准只局限于白背木耳干品，黄背木耳干品可以参照执行。毛木耳鲜品目前还没有标准可依。

1. 鲜耳　鲜耳采收后将耳蒂清理干净，放入 0～5℃的冷藏库预冷，然后进行整理分级、贮藏保鲜、包装或加工处理。目前，毛木耳尚无统一的分级标准，通常按以下标准进行分级。

（1）一级　耳片 4 厘米以上，单片，耳片肥厚，色泽均匀，无病虫害和杂质。

（2）二级　耳片 4 厘米以上，单片，允许部分耳基带有小耳片，腹面黑色、少量略红，茸毛色略深，耳片略薄，无病虫害和杂质。

（3）三级　耳片 3 厘米以上，单片或整朵，片薄、略红或茸毛色深，无病虫害和杂质。

2. 干 耳

（1）感官要求 毛木耳干品从感官上可分为 3 个等级（表 8-1），与耳片色泽及一般杂质等指标密切相关。

①色泽 毛木耳经干制后的自然颜色与光泽，因其生长环境和采收季节不同略有深浅之别。

②一般杂质 指毛木耳产品以外的植物（如稻草、秸秆、木屑、棉籽壳等）。

③拳耳 在阴雨多湿季节，因晾晒不及时，耳片互相粘裹而形成的拳头状耳。

④薄耳 在高温高湿条件下，由于采收不及时而形成的色泽较浅的薄片状耳。

⑤虫蛀耳 被害虫蛀食而形成残缺不全的毛木耳。

⑥碎耳 可通过相应级别筛孔的毛木耳碎片。

⑦有害杂质 有毒有害及其他有碍安全的物质（如毒菇、霉菌、虫体、动物毛发和排泄物、金属、玻璃、沙石等）。

⑧流耳 高温高湿导致木耳胶质溢出、肉质破坏、失去商品价值的木耳。

⑨霉烂耳 结块发霉变质的毛木耳。

表 8-1 毛木耳干品感官要求

项 目	等级		
	一 级	二 级	三 级
耳片色泽	耳面呈黑褐色或紫色、有光泽，耳背密布较均匀的灰白色或酱黄色茸毛	耳面呈浅揭色或紫红色，耳背有较均匀的灰白色或酱黄色茸毛	耳面呈浅褐色或紫红色，耳背有白色或浅酱黄色茸毛
一般杂质（%）	≤ 0.5	≤ 0.5	≤ 1
拳耳（%）	无	无	≤ 1
薄耳（%）	无	≤ 0.5	≤ 1

续表 8-1

项　目	等　级		
	一　级	二　级	三　级
虫蛀耳（%）	无	≤ 0.5	≤ 1
碎耳（%）	≤ 2	≤ 4	≤ 6
有害杂质	无		
流　耳			
霉烂耳			
气　味	无异味		

注：本品不得着色，不得添加任何化学物质，一经检出产品即判不合格。

（2）**理化要求**　毛木耳理化要求即毛木耳的粗蛋白质、粗纤维、灰分等含量指标（表8-2）。

表 8-2　毛木耳干品理化要求

项　目	指　标
粗蛋白质（%）（按 GB/T 15673 的规定执行）	≥ 5
粗纤维（%）（按 GB/T 5009.10 的规定执行）	≤ 21
灰分（%）（按 GB/T 12532 的规定执行）	≤ 4
含水量（%）（按 GB/T 12531 的规定执行）	≤ 14
干湿比（按 GB/T 6192 的规定执行）	≥ 1 : 5

（3）**卫生要求**　毛木耳干品卫生要求应符合表8-3规定。

表 8-3　毛木耳干品卫生要求

项　目	指标（单位为毫克/千克）
铅（以 Pb 计）（按 GB/T 5009.12 的规定执行）	≤ 2
砷（以 As 计）（按 GB/T 5009.11 的规定执行）	≤ 1

续表 8-3

项　目	指标（单位为毫克/千克）
汞（以 Hg 计）（按 GB/T 5009.17 的规定执行）	≤ 0.2
锡（以 Cd 计）（按 GB/T 5009.15 的规定执行）	≤ 0.2

注：根据《中华人民共和国农药管理条例》，剧毒和高毒农药不得在蔬菜（食用菌作为蔬菜的一类）生产中使用，一经检出即判不合格。

（4）净含量要求　单件定量包装产品的净含量要求和净含量与标签标注的质量负偏差应符合《定量包装商品计量监督规定》。同批包装产品的平均净含量不得低于标签上注明的净含量。

（二）毛木耳包装

1. 包装容器　毛木耳产品在加工、运输、贮藏、销售、消费者使用的过程中均需包装，随着现代科技在包装材料、生产技术、包装机械和包装技术等方面的应用，各种包装食品如冷冻食品、蒸煮（袋）食品、罐装食品、瓶装食品、无菌化包装食品等大量出现，可供毛木耳产品选择的包装容器也多种多样，具代表性的包装材料包括纸容器、金属容器、玻璃容器和塑料容器等。毛木耳不同产品、不同过程对包装容器的要求不一样，生产中可以根据实际情况对包装容器的强度、韧性、密封效果、外观、是否适合食品充填机械生产、是否便利消费者使用等条件进行选择。

（1）纸质容器　是指以纸或纸板为原料，以包装为目的制成的容器。具有成本低廉、卫生无毒、宜于生产加工、占用空间较小、可回收利用等优点；同时，也有强度、耐热性、耐压性和韧性不够理想和不能进行加热杀菌、密封效果不佳、易吸潮、发霉等缺点。

（2）金属包装容器　是指用金属薄板制造的薄壁包装容器，在食品包装中占有重要地位。具有机械性能好、阻隔性优异、密封性能佳、方便运输和贮存等优点，还可达到高温杀菌、快速冷却的效果，同时也可以回炉再生循环使用。缺点是价格较高、化学稳定性差、易于锈蚀。

（3）**玻璃包装容器** 是将熔融的玻璃料经吹制、模具成型制成的一种透明容器，主要用于包装液体、固体物质及液体饮料类商品。具有透明美观、安全卫生、保护性优、价格低廉及耐热、耐压、耐清洗等优点。缺点是容易破碎、运输成本高、难以二次加工等。

（4）**塑料包装容器** 是指将塑料原料经成型加工制成的用于包装物品的容器。随着石油化工业的飞速发展，塑料工业发展迅猛，塑料包装容器在很多方面显示出强大的生命力。具有密度小、质轻、易于成型加工、包装效果好及耐腐蚀性、耐酸碱性、耐油性好等优点。缺点是耐高温性差、表面硬度低、容易老化等。

2. 外包装标识 毛木耳是食品，其外包装标识应符合国家有关法律、法规，并符合毛木耳产品标准的规定。毛木耳产品外包装标识应包括名称、配料清单、净含量、生产日期和保质期、产品标准号、产地、生产许可证号、贮存条件及制造者和经销商的名称、地址、联系方式等内容。要求标识内容全面、清晰、醒目、持久、通俗易懂、准确、有科学依据，不得使用虚假的、使消费者误解的欺骗性文字和图形，不得利用字号大小或色差误导消费者。

（三）毛木耳安全贮运

1. 贮藏保鲜 毛木耳鲜耳贮藏保鲜是提高经济效益的重要措施之一。鲜耳贮藏条件：一是环境温度保持 $0 \sim 5 ℃$，以降低其生理代谢能力。二是环境空气相对湿度保持 $80\% \sim 90\%$，防止耳片失水萎蔫，并要求采收前不向耳片喷水，采后耳片不能泡水。三是要求放置在二氧化碳与氧气比例较高的环境，抑制鲜耳有氧呼吸，降低其代谢活动。

毛木耳干品安全贮藏，要求保持环境干燥，空气相对湿度在40% 以下，采用吸水纸包装，袋内放适量干燥剂（活性炭等），

将包装袋放置在纸箱内贮藏。

2. 安全运输　食品运输是食品从供应地向接收地实体流动的过程。食品运输因具有流体、载体、流向、流量、流程等多个构成要素，需要对各个环节进行把控。安全运输是保障毛木耳产品质量安全的重要条件。

（1）运输工具　使用专用运输工具，要求没有运输过有毒有害物质、干净卫生并定期消毒，同时应具备防雨、防尘设施，特殊运输还应具备冷藏、冷冻设施或预防机械性损伤的保护性设施等。根据毛木耳产品类型、特性、运输季节、运输距离及产品贮藏条件，选择运输温度、湿度、气体、防腐、运输包装等条件合适的运输工具。冷藏车、保温车的性能应符合 QC/T 449 的规定，保温集装箱应符合 GB/T 7392 的规定，铁路冷藏车应符合 GB/T 5600 的规定。

（2）运输过程　运输过程中，装卸产品应按照产品特点采用合适的装卸方法、装卸工具，注意轻拿轻放，避免造成机械性损伤。如果毛木耳产品对温度有特殊要求，如冷藏、冷冻产品，要求装卸货时温度升高幅度不得超过 3℃，且运输过程中要保证特定温度范围。散装毛木耳产品的运输应符合国家相关法律、法规及标准，采用合格的包装容器或材料进行密封包装，防止运输过程中受到污染。

（3）记录　记录毛木耳产品运输过程的监控情况，完善品名、数量、批号、生产日期、发往地点、联系方式等在内的出库记录信息，确保完善产品追溯系统。

三、精深加工技术

毛木耳是天然的食药兼用型真菌，营养丰富，具有良好的保健功能，是优良的食药用菌资源，在全国食用菌产量中排第六位，市场巨大。但毛木耳产品一直是以干耳的初加工形式销售，缺乏精深加工产品，而且现有的少量精深加工产品还存在着销路不畅、经济效益差等问题。目前，开发的产品有毛木耳蜜饯、毛木耳果冻、毛木耳罐头、毛木耳风味面条、毛木耳花生乳、菌耳茶、木耳粉保健食品等。

（一）毛木耳蜜饯

李秋红等（2007）开发了毛木耳蜜饯，主要是以毛木耳为原料，采用多次糖煮及冷冻处理，通过正交试验确定了糖液浓度、料液比、糖煮温度及时间、冷冻温度及时间和浸渍时间等因素对蜜饯风味品质的影响，确定了毛木耳蜜饯的最佳加工工艺。制作过程是将毛木耳干品经浸泡、清洗、切块、盐水硬化等预处理，用30%糖液预煮8小时，再经−15℃冷冻处理，然后用65%糖液煮制，最后用60～65℃烘烤24小时获得毛木耳蜜饯。该产品既具有毛木耳的自然清香，还具有形态丰润饱满、透明有光泽、口感甜而不腻、爽滑适口等优点。

（二）毛木耳果冻

清源和李向婷（2010）开发了毛木耳果冻产品，以毛木耳多糖溶液、蜂蜜等为主要原料，通过正交试验确定了毛木耳多糖保健果冻的加工工艺和配方。该产品兼具毛木耳和蜂蜜独特的风味，弹性、韧性均强，成型效果较好。制作过程是先将毛木耳干品通过粉碎、制悬液、过滤得到多糖溶液，然后制凝胶，再加入蜂蜜、柠檬酸混合胶液，最后将胶液与毛木耳多糖汁、柠檬酸混匀（30%毛木耳多糖液，30%蜂蜜，0.3%柠檬酸，5%明胶剂），灌装灭菌，冷却后即得成品。该产品具有透明度适中、色泽匀称、组织状态良好、香气协调等特点。

（三）毛木耳罐头

清源（2010）开发了毛木耳罐头，是以毛木耳干品为原料，通过单因素多水平、多因素多水平正交试验，确定适宜的毛木耳罐头配方。制作过程是将毛木耳干品经清洗、浸泡30分钟、切块等预处理，再用盐、味精、白砂糖、辣椒、色拉油等进行配方调配，确定配方为40%红油、3%味精、5%白醋、2.5%白砂糖，然后装罐，最后115℃杀菌20分钟，冷却。此罐头具有毛木耳的特殊风味，而且色、香、味俱全。

莫秀芳（2013）也开发了一款毛木耳罐头，主要由毛木耳（55%～70%）、调味料（1%～3%）和汤料组成。其中，调味料由生姜、红尖椒、大茴香、小茴香、桂皮、大蒜、丁香组成，其重量比为4～6：1～3：1～2：6～8：1～2：1～3：1～3；汤料由醋酸、食盐和甜味剂加水调配而成，醋酸含量为0.5%～1%、食盐含量为3%～5%、甜味剂含量为2%～5%。该毛木耳罐头质地脆嫩、口味鲜美、汤汁清亮，开罐即食，无须加工，食用方便。

（四）毛木耳面条

清源（2014）开发了质量稳定且风味良好的毛木耳风味面条。以面粉和毛木耳粉为主要原料，通过采用单因素和正交实验，确定其加工工艺、最佳配方及其稳定性。制作过程是将毛木耳干品经浸泡、清洗、晾晒、粉碎成粉等预处理，然后选择优良的小麦面粉，向面粉中调配食盐水（2%～3%），再经和面（食盐水、毛木耳粉、食用增稠剂）、熟化、压片、切条、干燥等工序。最终确定其配方为：面粉500克，毛木耳粉添加量为面粉质量的10%，谷朊粉2%，鸡蛋6%，食盐2%，海藻酸钠0.4%，黄原胶0.4%，瓜尔豆胶0.3%。

（五）毛木耳饮料

1. 毛木耳花生乳　范春梅等（2011）开发了毛木耳花生乳，以毛木耳、花生为主要原料，通过浸泡、清洗、烘焙、粉碎、蒸馏等程序将毛木耳干品制成毛木耳浸提液，然后与制得的花生乳混合，再添加蔗糖、奶粉和复合稳定剂等调配。通过单因素试验和正交试验确定影响毛木耳花生乳感官品质和稳定性的各因素，并筛选出最优加工工艺条件。该毛木耳花生乳不仅风味独特，还具有良好的稳定性。

2. 毛木耳猕猴桃复合饮料 清源（2012）开发了毛木耳猕猴桃复合饮料，以毛木耳和猕猴桃为主要原料，通过单因素和正交试验确定毛木耳猕猴桃饮料的加工工艺和最佳配方。最佳配方：毛木耳汁与猕猴桃汁配比为 5∶4，白砂糖用量 10%，蜂蜜用量 3%，羧甲基纤维素钠和黄原胶总用量 0.2%（最佳用量比 3∶2）。毛木耳猕猴桃复合饮料呈浅绿色，且酸甜适中、润滑爽口，具有毛木耳和猕猴桃的香味和风味，饮料汁液质地均匀，悬浮效果稳定。

（六）毛木耳粉

四川省中医药科学院菌药研究团队以毛木耳为原料，开展木耳粉保健食品生产技术的研究，通过对前处理工艺、熟化工艺、粉碎工艺等工艺参数的优化，获得木耳粉保健食品生产技术，并由此开发了国内首个毛木耳粉保健食品（国食健申 G20120304）。

（七）其他食品和产品

除了以上毛木耳精加工品外，近年来研究人员还开发了诸多食品和产品，如风味方便食品（宋斌等，2008；胡秋辉等，2011；李艳莉等，2014；祁秋中，2014）、毛木耳糕点（李文香等，2015；岳凤丽，2013）、多糖颗粒冲剂（李泰辉等，2008）、营养含片（岳凤丽，2012）、调理食品（李文香，2015）等。另外，四川省中医药科学院菌药研究团队近期还开发了毛木耳咀嚼片、毛木耳菌羹及毛木耳菌耳茶等产品。

附　录

一、无公害食品　食用菌栽培基质安全技术要求
（NY 5099—2002）

（2002–07–25 发布，2002–09–01 实施）

前　言

本标准的附录 A、附录 B 均为资料性附录。

本标准由中华人民共和国农业部提出。

本标准起草单位：中国微生物菌种保藏管理委员会农业微生物中心。

本标准主要起草人：张金霞、贾身茂、左雪梅、李世贵、姜瑞波、顾金刚。

本标准 2002 年 7 月 25 日发布，2002 年 9 月 1 日起实施。

1　范围

本标准规定了无公害食用菌培养基质用水、主料、辅料和覆土用土壤的安全技术要求，以及化学添加剂、杀菌剂、杀虫剂使用的种类和方法。

本标准适用于各种栽培食用菌的栽培基质。

2　规范性引用文件

下列文件中的条款通过本标准的引用而成为本标准的条款。凡是注日期的引用文件，其随后所有的修改单（不包括勘误的内容）或修订版均不适于本标准，然而，鼓励根据本标准达成协议

的各方研究是否可使用这些文件的最新版本。凡是不注日期的引用文件，其最新版本适用于本标准。

GB 5749　生活饮用水卫生标准

GB 15618　土壤环境质量标准

3　术语和定义

下列术语和定义适用于本标准。

3.1　主料

组成栽培基质的主要原料，是培养基中占数量比重大的碳素营养物质。如木屑、棉籽壳、作物秸秆等。

3.2　辅料

栽培基质组成中配量较少、含氮量较高、用来调节培养基质的 C/N 比的物质。如糠、麦麸、饼肥、禽畜粪、大豆粉、玉米粉等。

3.3　杀菌剂

用来杀灭有害微生物或抑制其生长的药剂，包括消毒剂。

3.4　生料

未经发酵或灭菌的培养基质。

4　要求

4.1　水

应符合 GB 5749 规定。

4.2　主料

除桉、樟、槐、苦楝等含有害物质树种外的阔叶树木屑；自然堆积 6 个月以上的针叶树种的木屑；稻草、麦秸、玉米芯、玉米秸、高粱秸、棉籽壳、废棉、棉秸、豆秸、花生秸、花生壳、甘蔗渣等农作物秸秆皮壳；糠醛渣、酒糟、醋糟。要求新鲜、洁净、干燥、无虫、无霉、无异味。

4.3　辅料

麦麸、米糠、饼肥（粕）、玉米粉、大豆粉、禽畜粪等。要求新鲜、洁净、干燥、无虫、无霉、无异味。

4.4 覆土材料

4.4.1 泥炭土、草炭土。

4.4.2 壤土

符合 GB 15618 中 4 对二级标准值的规定。

4.5 化学添加剂

参见附录 A。

4.6 栽培基质处理

食用菌的栽培基质，经灭菌处理的，灭菌后的基质需达到无菌状态；不允许加入农药。

4.7 其他要求

参见附录 B。

附录 A（资料性附录）

食用菌栽培基质常用化学添加剂种类、功效、用量和使用方法见表 A.1。

表 A.1 食用菌栽培基质常用化学添加剂种类、功效、用量和使用方法

添加剂种类	使用方法与用量
尿 素	补充氮源营养，0.1%～0.2%，均匀拌入栽培基质中
硫酸铵	补充氮源营养，0.1%～0.2%，均匀拌入栽培基质中
碳酸氢铵	补充氮源营养，0.2%～0.5%，均匀拌入栽培基质中
氰氨化钙（石灰氮）	补充氮源和钙素，0.2%～0.5%，均匀拌入栽培基质中
磷酸二氢钾	补充磷和钾，0.05%～0.2%，均匀拌入栽培基质中
磷酸氢二钾	补充磷和钾，0.05%～0.2%，均匀拌入栽培基质中
石 灰	补充钙素，并有抑菌作用，1%～5%，均匀拌入栽培基质中
石 膏	补充钙和硫，1%～2%，均匀拌入栽培基质中
碳酸钙	补充钙，0.5%～1%，均匀拌入栽培基质中

附录 B（资料性附录）
不允许使用的化学药剂

B.1　高毒农药

按照《中华人民共和国农药管理条例》，剧毒和高毒农药不得在蔬菜生产中使用，食用菌作为蔬菜的一类也应完全参照执行，不得在培养基质中加入。高毒农药有一六〇五、甲基一六〇五、一〇五九、杀螟威、久效磷、磷胺、甲胺磷、异丙磷、三硫磷、氧化乐果、磷化铝、氰化物、呋喃丹、氟乙酰胺、砒霜、杀虫脒、西力生、赛力散、溃疡净、氯化苦、五氯酚钠、二氯溴丙烷、四〇一等。

B.2　混合型基质添加剂

含有植物生长调节剂或成分不清的混合型基质添加剂。

B.3　植物生长调节剂

二、食用菌卫生标准（GB 7096—2003）

（2003-09-24 发布，2004-05-01 实施）

前　言

本标准全文强制。

本标准对应于国际食品法典委员会（CAC）标准 Codex Stan 38—1981《食用真菌和真菌制品通用标准》，本标准与 Codex Stan 138—1981 的一致性程度为非等效。

本标准代替 GB 7096—1996《食用菌卫生标准》。

本标准与 GB 7096—1996 相比主要修改如下：

——增加了原料、食品添加剂、生产加工过程的卫生要求、包装、标识、贮存及运输要求；

——参照 CAC 标准（Codex Stan 38—1981）及 GB 8859—

1988《脱水蘑菇》，在"干食用菌"中增加了水分指标。

本标准自实施之日起，GB 7096—1996 同时废止。

本标准由中华人民共和国卫生部提出并归口。

本标准起草单位：天津市卫生局公共卫生监督所、辽宁省卫生监督所、四川省食品卫生监督检验所、河南省食品卫生监督检验所、云南省食品卫生监督检验所、贵州省食品卫生监督检验所、湖南省食品卫生监督检验所。

本标准主要起草人：崔春明、王旭太、毛朝明、杨仲亚、王金凤、郑文康、马毛弟。

本标准于 1986 年首次发布，于 1996 年进行第一次修订，本次为第二次修订。

1　范围

本标准规定了食用菌的指标要求、食品添加剂、生产加工过程的卫生要求和检验方法。本标准适用于可食用的鲜的或干的大型真菌。本标准不适用于银耳。

2　规范性引用文件

下列文件中的条款通过本标准的引用而成为本标准的条款。凡是注日期的引用文件，其随后所有的修改单（不包括勘误的内容）或修订版均不适用于本标准，然而，鼓励根据本标准达成协议的各方研究是否可使用这些文件的最新版本。凡是不注日期的引用文件，其最新版本适用于本标准。

GB 2760　食品添加剂使用卫生标准

GB/T 5009.3　食品中水分的测定

GB/T 5009.11　食品中总砷及无机砷的测定

GB/T 5009.12　食品中铅的测定

GB/T 5009.17　食品中总汞及有机汞的测定

GB/T 5009.19　食品中六六六、滴滴涕残留量的测定

GB 14881　食品企业通用卫生规范

3 指标要求

3.1 原料要求

应符合相应的标准和有关规定。

3.2 感官要求

具有食用菌正常的商品外形及固有的色泽、香味。不得混有非食用菌，无异味、无霉变、无虫蛀。

3.3 理化指标

理化指标应符合表 1 的规定。

表 1 理化指标

项 目	指 标	
	干食用菌	鲜食用菌
水分 a/（克 /100 克） ≤	12	—
总砷（以 As 计）/（毫克 / 千克） ≤	1.0	0.5
铅（Pb）/（毫克 / 千克） ≤	2.0	1.0
总汞（Hg）/（毫克 / 千克） ≤	0.2	0.1
六六六 /（毫克 / 千克） ≤	0.2	0.1
滴滴涕 /（毫克 / 千克） ≤	0.1	0.1

a：干香菇水分 ≤ 13 克 /100 克。

4 食品添加剂

4.1 食品添加剂质量应符合相应的标准和有关规定。

4.2 食品添加剂的品种和使用量应符合 GB 2760 的规定。

5 生产加工过程的卫生要求

应符合 GB 14881 的规定。

6 包装

包装容器和材料应符合相应的卫生标准和有关规定。

7 标识

定型包装的标识要求应符合有关规定。

8 贮存及运输

8.1 贮存

产品应贮存在干燥、通风良好的场所。不得与有毒、有害、有异味、易挥发、易腐蚀的物品同处贮存。

8.2 运输

运输产品时应避免日晒、雨淋。不得与有毒、有害、有异味或影响产品质量的物品混装运输。

9 检验方法

9.1 水分

按 GB/T 5009.3 规定的方法测定。

9.2 总砷

按 GB/T 5009.11 规定的方法测定。

9.3 铅

按 GB/T 5009.12 规定的方法测定。

9.4 总汞

按 GB/T 5009.17 规定的方法测定。

9.5 六六六、滴滴涕

按 GB/T 5009.19 规定的方法测定。

三、中华人民共和国农业行业标准
（毛木耳 NY/T 695－2003）

（2003-12-01 发布，2004-03-01 实施）

前 言

本标准由中华人民共和国农业部提出并归口。

本标准起草单位：福建省乡镇企业产品质量监督检验所，福建省南靖嘉田木耳开发公司。

本标准主要起草人：邹以强、张仁雨、杨加金、吴谷恩、田秀凤。

1　范围

本标准规定了毛木耳术语和定义、产品分类、要求、实验方法、检验规则及标志、标签、包装、运输和贮存。

本标准适用于代料栽培的毛木耳〔学名：*Auricularia polytricha*（Mont.）Sacc〕干品，其中包括白背木耳和黄背木耳。

2　规范性引用文件

下列文件中的条款通过本标准的引用而成为本标准的条款。凡是注明日期的引用文件，其随后所有的修改单（不包括勘误内容）或修订版均不适用于本标准，然而，鼓励根据本标准达成协议的各方研究是否可使用这些文件的最新版本。凡是不注明日期的引用文件，其最新版本适用于本标准。

GB/T 191　包装储运图标志（GB/T 191—2000，eqv ISO 780：1997）

GB/T 5009.10　植物类食品中粗纤维的测定

GB/T 5009.11　食品中总砷及无机砷的测定

GB/T 5009.12　食品中铅的测定

GB/T 5009.15　食品中镉的测定

GB/T 5009.17　食品中总汞及有机汞的测定

GB/T 6192　黑木耳

GB 7718　食品标签通用标准

GB/T 12530　食用菌取样方法

GB/T 12531　食用菌水分测定

GB/T 12532　食用菌灰分测定

GB/T 12533　食用菌杂质测定

GB/T 15673　食用菌粗蛋白质含量测定方法

JJF 1070　定量包装商品净含量计量检验规则

《中华人民共和国农药管理条例》

国家技术监督局令《定量包装商品计量监督规定》

3　术语和定义

下列术语和定义适用于本标准

3.1　毛木耳 Hairy wood ear

为异隔担子菌纲，有隔担子菌亚纲，木耳目，木耳科的胶质真菌。白背木耳和黄背木耳是我国目前主栽的两大类毛木耳品种。

3.2　色泽 Colour

毛木耳经干制后的自然颜色与光泽，由于毛木耳生长环境不同，采收季节不同，加工后色泽略有深浅之别。

3.3　拳耳 Fisted friut body

在阴雨多湿季节，因晾晒不及时，耳片互相粘裹而形成的拳头状耳。

3.4　薄耳 Thin friut body

在高温、高湿条件下，采收不及时而形成的色泽较浅的薄片状耳。

3.5　流失耳 Damaged friut body

高温、高湿导致木耳胶质溢出、肉质破坏、失去商品价值的木耳。

3.6　干湿比 Dry wet ratio

干毛木耳与浸泡吸水并沥去余水后的湿木耳质量之比。

3.7　一般杂质 Common foreign matters

毛木耳产品以外的植物（如稻草、秸秆、木屑、棉籽壳等）。

3.8　有害杂质 Detrimental foreign matters

有毒有害及其他有碍安全的物质（如毒菇、霉菌、虫体、动物发毛和排泄物、金属、玻璃、沙石等）。

3.9　碎耳 Friut body fragments

可通过相应级别筛孔的毛木耳碎片。

4　产品分类

产品按质量分为一级、二级、三级。

5 要求

5.1 感官要求

感官要求应符合表 1 规定。

表 1 感官要求

项 目	等 级		
	一 级	二 级	三 级
耳片色泽	耳面呈黑褐色或紫色，有光泽，耳背为密布较均匀的灰白色或酱黄茸毛	耳面呈浅红色或紫红色，耳背布有较均匀灰白色或酱黄色茸毛	耳面呈浅褐色或紫红色，耳背布有白色或浅酱黄色茸毛
朵片大小	朵片完整，不能通过直径 4 厘米的筛孔。每小包装内朵片大小均匀	朵片基本完整，不能通过直径 3 厘米筛孔。朵片大小均匀	朵片基本完整，不能通过直径 2 厘米筛孔
一般杂质 / (%)	≤ 0.5	≤ 0.5	≤ 1.0
拳耳 / (%)	无	无	≤ 1.0
薄耳 / (%)	无	≤ 0.5	≤ 1.0
虫蛀耳 / (%)	无	≤ 0.5	≤ 1.0
碎耳 / (%)	≤ 2.0	≤ 4.0	≤ 6.0
有害杂质	无		
流失耳			
霉烂耳			
气 味	无异味		

注：本品不得着色，不得添加任何化学物质，一经检出，产品即判不合格。

5.2 理化要求

理化要求应符合表 2 规定。

表 2　理化要求

项　目	指　标	项　目	指　标
粗蛋白质（％）	≥ 5.0	含水量（％）	≤ 14.0
粗纤维（％）	≤ 21.0	干湿比	≥ 1∶5
灰分（％）	≤ 4.0		

5.3　卫生要求

卫生要求应符合表 3 规定

表 3　卫生要求

项　目	指　标
铅（以 Pb 计）	≤ 2.0
砷（以 As 计）	≤ 1.0
汞（以 Hg 计）	≤ 0.2
镉（以 Cd 计）	≤ 0.2

注：根据《中华人民共和国农药管理条例》，剧毒和高毒农药不得在蔬菜（食用菌作为蔬菜的一类）生产中使用。一经检出，即判不合格。

5.4　净含量要求

单件定量包装产品的净含量要求和净含量与标签标注的质量负偏差应符合《定量包装商品计量监督规定》。同批包装产品的平均净含量不得低于标签上注明的净含量。

6　试验方法

6.1　感官检验

杂质测定按 GB/T 12533 的规定执行，其他感官要求按 GB/T 6192 的规定执行。

6.2　理化检验

6.2.1　粗蛋白质测定　按 GB/T 15673 的规定执行。

6.2.2　粗纤维的测定　按 GB/T 5009.10 的规定执行。

6.2.3　灰分的测定　按 GB/T 12532 的规定执行。

6.2.4　含水量测定　按 GB/T 12531 的规定执行。

6.2.5　干湿比测定　按 GB/T 6192 的规定执行。

6.3　卫生检验

6.3.1　铅的测定　按 GB/T 5009.12 的规定执行。

6.3.2　砷的测定　按 GB/T 5009.11 的规定执行。

6.3.3　汞的测定　按 GB/T 5009.17 的规定执行。

6.3.4　镉的测定　按 GB/T 5009.15 的规定执行。

6.4　净含量检验

按 JJF 1070 的规定执行。

7　检验规则

7.1　批次

同产地、同品种、同等级采收加工或收购的产品作为一个检验批次。

7.2　抽样方法

按 GB/T 12530 的规定执行。

7.3　交收检验

每批次产品交收前，生产者应按本标准进行检验。交收检验内容包括：感官要求、标志、标签、包装、净含量，检验合格并附合格证的产品方可交收。

7.4　型势检验

型势检验是对产品进行全面考核，即对本标准规定的全部要求进行检验。型势检验每年至少进行 1 次。有下列情况之一时，也应进行型势检验。

a）前后两次抽样检验结果差异较大；

b）产品评优、国家质量监督机构或主管部门提出型势检验要求；

c）因人为或自然因素使生产环境发生较大变化。

7.5　判定规则

7.5.1　按本标准进行检验，全部项目均符合要求的，判该批

次产品不合格。

7.5.2 卫生要求中有 1 项达不到本标准要求的，判该批次不合格，且不得复验。

7.5.3 除卫生要求外，其他要求指标达不到本标准要求的，可以加倍抽样复验，复验后仍有 1 项或 1 项以上指标达不到要求时，则判该批次产品为不合格。

7.5.4 交收检验时，所检项目中任何一项指标不符合本标准要求的，则判该批次产品不合格。

7.5.5 标志、标签、包装不符合要求规定的产品，则判该批次产品为不合格。

8 标志、标签、包装

不符合要求规定的产品，则判该批次产品为不合格。

8.1 标志、标签

8.1.1 外包装标志应符合 GB/T 191 的规定，并标明产品名称、厂名、厂址、电话、规格、数量、出厂日期。

8.1.2 标签应符合 GB 7718 的规定要求。

8.2 包装

8.2.1 包装材料应干燥、清洁、无异味、无毒无害。

8.2.2 包装要牢固、防潮、整洁、能保护毛木耳不受挤压，便于装卸、仓储和运输。

8.2.3 产品应按同一产地、同一等级进行包装。

8.3 运输

8.3.1 运输时应轻装、轻卸，避免机械损伤。

8.3.2 运输工具要清洁、卫生、无污染物、无杂质。

8.3.3 防日晒、防雨淋、不可裸露运输。

8.3.4 不得与有毒有害物品、鲜活动物混装混运。

8.4 贮存

产品应在避光、阴凉、清洁、干燥、防潮、无异味处贮存。保质期为 12 个月。

四、四川省地方标准
（毛木耳菌种　DB 51/T 1059—2010）

（2010–02–10 发布，2010–03–01 实施）

前　言

本标准附录 A、附录 B 为规范性附录。

本标准由四川省农业厅提出并归口。

本标准由四川省质量技术监督局批准。

本标准由四川省农业科学院食用菌开发研究中心负责起草。

本标准主要起草人：姜邻、王蓓、张思林、贾英、鲜灵。

1　范围

本标准规定了毛木耳菌种的术语和定义、要求、抽样、试验方法、判定规则及标签、标志、包装、运输和贮存。

本标准适用于毛木耳母钟（一级种）、原种（二级种）和栽培种（三级种）。

2　规范性引用文件

下列文件中的条款通过本标准的引用而成为本标准的条款。凡是注日期的引用文件，其随后所有的修改单（不包括勘误的内容）或修订版不适用于本标准，然而，鼓励根据本标准达成协议的各方研究是否可使用这些文件的最新版本。凡是不注日期的引用文件，其最新版本适用于本标准。

GB/T 191　包装储运图示标志

GB/T 4789.28　食品卫生微生物学检验染色法、培养基和试剂

GB/T 12728　食用菌术语

NY/T 528　食用菌菌种生产技术规程

3　术语和定义

下列术语和定义适用于本标准

3.1 母种

经各种方法选育得到的具有结实性的菌丝体纯培养物及其继代培养物，也称一级种。

［GB/T 1278 术语和定义 2.5.8］

3.2 栽培种

由原种移植、扩大培养而成的菌丝体纯培养物，也称三级种。栽培种只能用于栽培，不可再次扩大繁殖菌种。

［GB/T 12728 术语和定义 2.5.9］

3.3 拮抗现象

具有不同遗传基因的菌落间产生不生长区带或形成不同形式线形边缘的现象。

［GB/T 12728 术语和定义 2.3.21］

3.4 角变

因菌丝体局部变异或感染病毒而导致菌丝体变细、生长缓慢、菌丝体表面特征成角状异常的现象。

［GB/T 12728 术语和定义 2.5.17］

3.5 生物学效率

子实体质量（鲜重）与培养料质量（风干重）之间的比率。

3.6 种性

毛木耳的品种特性，是鉴别毛木耳菌种或品种优劣的重要标准之一。一般包括对温度、湿度、酸碱度、光线和氧气的要求，抗逆性、丰产性、出耳迟早、出耳潮数、栽培周期、质地及栽培习性等农艺性状。

4 要求

4.1 菌种分级

毛木耳菌种按繁殖程序分为母种（一级种）、原种（二级种）、栽培种（三级种）三级。

4.2 菌种生物学要求

各级菌种生物学要求应符合表1规定。

表 1   菌种生物学要求

项 目	要 求
菌丝生长状态	茸毛状、整齐、均匀
杂 菌	无
害 虫	无

4.3   母种

4.3.1   容器及规格

应符合 NY/T 528 规定。

4.3.2   感官要求

应符合表 2 规定。

表 2   母种感官要求

项 目		要 求
容 器		洁净、完整、无破损
棉塞或硅胶塞		干燥、洁净、松紧适度，能满足透气和滤菌要求
培养基斜面长度		顶端距棉塞 40～50 毫米
接种量（接种块大小）		3～5 毫米×3～5 毫米
菌种外观	菌丝生长量	占斜面 2/3 以上至长满斜面
	菌丝表面特征	洁白或稍变灰褐色、浓密、茸毛状、均匀、边缘整齐、无角变
	菌丝分泌物	无或接种块周围稍有茶褐色斑块
	斜面背面外观	培养基部干缩，颜色均匀、无暗斑、有茶褐色色素或没有
	杂菌菌落	无
	拮抗现象	无
子实体原基		无
气 味		有毛木耳菌种特有的香味，无酸、臭、霉等异味

4.3.3 菌丝生长速度

在 PDA 培养基上，在 25℃±3℃的温度条件下培养，菌丝长满斜面（斜面长度 10 厘米左右）的时间为 10～15 天。

4.3.4 母种栽培性状

毛木耳母种需经出耳试验确证其农艺性状和商品性状等种性合格后，方可用于扩大繁殖或出售。

4.4 原种

4.4.1 容器及规格

应符合 NY/T 528 规定。

4.4.2 感官要求

应符合表 3 规定。

表 3　原种感官要求

项　目		要　求
容　器		洁净、完整、无破损
棉塞或无棉塑料盖		干燥、洁净、松紧适度，能满足透气和滤菌要求
培养基上表面距瓶（袋）口的距离		30～50 毫米
接种量（每支母种接原种数量，接种块大小）		3～5 毫米×3～5 毫米
菌种外观	菌丝生长量	占斜面 2/3 以上至长满斜面
	菌丝体特征	洁白或稍变灰褐色、浓密、茸毛状、均匀、边缘整齐、无角变
	培养基及菌丝体	无或接种块周围稍有茶褐色斑块
	培养物表面分泌物	培养基部干缩、颜色均匀、无暗斑、有茶褐色色素或没有
	杂菌菌落	培养基不干缩、颜色均匀、无暗斑、有茶褐色色素或没有
	虫（螨）体	无

续表 3

项　目		要　求
菌种外观	拮抗现象	无
	子实体原基	无
气　味		有毛木耳菌种特有的香味，无酸、臭、霉等异味

4.4.3　菌丝生长速度

在适宜培养基上，在 25℃±3℃条件下培养，菌丝长满容器（750 毫升菌种瓶）的时间为 40～50 天。

4.5　栽培种

4.5.1　容器及规格

应符合 NY/T528 规定。

4.5.2　感官要求

应符合表 4 规定。

表 4　栽培种感官要求

项　目		要　求
容　器		洁净、完整、无破损
棉塞或无棉塑料盖		干燥、洁净、松紧适度，能满足透气和滤菌要求
培养基上表面距瓶（袋）口的距离		30～50 毫米
接种量（每瓶原种接种栽培种数）		30～50 瓶（袋），接入菌种封住瓶（袋）口
菌种外观	菌丝生长量	占容器 2/3 以上至长满容器
	菌丝体特征	洁白均匀、致密，无角变，无菌皮
	培养基及菌丝体	紧贴瓶（袋）壁，无明显干缩
	培养物表面分泌物	少量或无
	杂菌菌落	无

续表4

项　目		要　求
菌种外观	虫（螨）体	无
	拮抗现象	无
	子实体原基	无或少量
气　味		有毛木耳菌种特有的香味，无酸、臭、霉等异味

4.5.3　菌丝生长速度

在适宜培养基上，在 25℃±3℃ 条件下培养，菌丝长满容器（750毫升菌种瓶）的时间为 40～50 天。

5　抽样

5.1　母种按品种、接种时间分批编号，原种、栽培种按菌种来源、制种方法和接种时间分批编号。按批随机抽取被检样品。

5.2　母种、原种、栽培种的抽样量分别为该批菌种量的 10%、5%、1%。但每批抽样数量不得少于 10 支（瓶、袋）；抽样量超过 100 支（瓶、袋）的，可进行两级抽样。

6　试验方法

6.1　感官要求

感官要求试验方法按表5逐项进行。

表5　感官要求试验方法

项目检验	检验方法		项目检验	检验方法
容　器	肉眼观察	接种量	母种、原种	肉眼观察
棉塞、无棉塑料盖、硅胶塞	肉眼观察		栽培种	检查生产记录
母种斜面长度	肉眼观察		菌种外观各项（杂菌菌落除外）	肉眼观察

续表 5

项目检验	检验方法	项目检验	检验方法
母种斜面背面外观	肉眼观察	杂菌菌落	肉眼观察，必要时用 5 倍放大镜观察
培养基上表面距离瓶（袋）口的距离	肉眼观察	气味	鼻嗅

6.2　菌种生物学要求

6.2.1　菌丝生长状态和害虫检验

用放大倍数不低于 10 × 40 的光学显微镜对培养物的水封片进行观察，每一检样应观察不少于 50 个视野。

6.2.2　细菌检验

将检验样本按无菌操作接种于 GB/T 4789.28 中 4.7 规定的营养琼脂或 PDA 培养基中 25～28℃培养 2～3 天，培养基上出现细菌菌落者为有细菌污染。

6.2.3　霉菌检验

将检验样本按无菌操作接种于 PDA 培养基中，25～28℃培养 5～7 天，培养基上出现霉菌菌落者为受霉菌污染，必要时进行水封片镜检。

6.3　菌丝生长速度

6.3.1　母种

附录 A 中规定的配方任选其一，在 25℃±3℃条件下培养，计算菌丝长满斜面的天数。

6.3.2　原种和栽培种

附录 B 中规定的配方任选其一，在 25℃±3℃条件下培养，计算菌丝长满容器的天数。

6.4　母种栽培性状

将被检母种制成原种。在附录 B 中任选一个配方，制作菌袋 45 袋。接种后平均分 3 组进行常规管理，根据表 6 所列项目，做好栽培记录，统计检验结果。同时，将该母种的出发菌株设为对照，亦做同样处理。对比二者的检验结果，以时间计的检验项目中，被检母种的任何一项时间较对照菌株推迟5天以上（含5天）者，为不合格；产量显著低于对照菌株者，为不合格；耳片外观形态与对照明显不同或畸形者，为不合格。

表6　母种栽培性状检验记录

检验项目	检验结果	检验项目	检验结果
母种长满所需时间（天）		总　产	
原种长满所需时间（天）		平均单产	
栽培种长满所需时间（天）		生物学效率	
菌袋长满所需时间（天）		朵形、背面茸毛	
出第一潮耳所需时间（天）		质地、色泽	
第一潮耳产量（千克）		耳片直径（厘米） 耳片厚度（毫米）	

6.5　留样

各级菌种要留样备查，留样的数量应每个批号母种3～5支，原种和栽培种5～7瓶（袋），于15℃±2℃下贮存，贮存至使用者在正常条件下该批菌种出第一潮耳。

7　判断规则

判定规则按要求指标进行。检验项目全部符合要求指标时，为合格菌种，其中任何一项不符合要求，均为不合格菌种。

8　标签、标志、包装、运输、贮存

8.1　标签

8.1.1　产品标签

每支（瓶、袋）菌种要贴有清晰注明以下要素的标签：

a）产品名称（如毛木耳母种）；

b）品种名称（如毛木耳×号）；

c）生产单位（如××菌种厂）；

d）接种日期（如××年×月×日）；

e）执行标准。

8.1.2　包装标签

每箱菌种要贴有清晰注明以下要素的包装标签：

a）产品名称、品种名称；

b）厂名、厂址、联系电话；

c）出厂日期；

d）贮存条件、保质期；

e）数量；

f）执行标准；

g）　菌种生产经营许可证编号。

8.2　储运图示标志

按 GB/T 191　规定注明以下图示标志：

a）小心轻放标志；

b）防水、防潮、防冻标志；

c）防晒防高温标志；

d）防止倒置标志；

e）防止重压标志。

8.3　包装

8.3.1　母种外包装采用木盒或有足够强度的纸箱，内部用棉花、碎纸、报纸等具有缓冲作用的轻质材料填满。

8.3.2　原种、栽培种外包装采用有足够强度的纸材质做的纸箱，并留有通气孔。菌种间用碎纸、报纸等具有缓冲作用的轻质材料填满。箱内附产品合格证和使用说明（包括菌种种性、培养基配方及使用范围）。纸箱上部和底部用胶带封口，并用打包带捆扎。

8.4　运输

8.4.1　不得与有毒、有害、有污染、有异味的物品混装混运，不得挤压。

8.4.2　在低于 30℃条件下运输。

8.4.3　运输过程中应有防震、防晒、防雨淋、防冻防杂菌污染的措施。

8.5　贮存

8.5.1　母种在 15℃±2℃条件下贮存，贮存期不超过 30 天。

8.5.2　原种、栽培种菌丝长满后应尽快使用，若短期不用，应置于阴凉干燥、通风避光、清洁卫生的室内贮存，保质期不超过 1 个月。老化出水后即弃除。

五、福建省地方标准
（毛木耳菌种　DB 35/658－2006）

（2006-03-10 发布，2006-04-01 实施）

前　言

为规范毛木耳菌种的生产、销售与使用，制定本标准。

本标准附录 A 为规范性附录。

本标准由福建省农业厅提出。

本标准由福建省质量技术监督局批准。

本标准起草单位：福建省食用菌工作办公室。

本标准主要起草人：黄志龙、郑立威、肖淑霞、陈志、王昕、陈亨焕。

1　范围

本标准规定了毛木耳菌种的术语和定义、产品分类、要求、试验方法、检验规则及标签、标志、包装、运输和贮存。

本标准适用于毛木耳母种、原种和栽培种。

2　规范性引用文件

下列文件中的条款通过本标准的引用而成为本标准的条款。

凡是注日期的引用文件，其随后所有的修改单（不包括勘误的内容）或修订版不适用于本标准，然而，鼓励根据本标准达成协议的各方研究是否可使用这些文件的最新版本。凡是不注日期的引用文件，其最新版本适用于本标准。

GB/T 191—2000　包装储运图示标志

GB/T 4789.28—2003　食品卫生微生物学检验染色法、培养基和试剂

GB/T 12728—1991　食用菌术语

GB/T 19172—2003　平菇菌种

GB/T 528—2002　食用菌菌种生产技术规程

3　术语和定义

下列术语和定义适用于本标准。

3.1　毛木耳［*Auricular polytricha*（Mont.）Sacc.］

毛木耳隶属真菌门、异隔担子菌纲、木耳目、木耳科、木耳属。

3.2　母种

经各种方法选育得到的具有结实性的菌丝体纯培养物及其继代培养物，也称一级种。

3.3　原种

由母种移植、扩大培养而成的菌丝体纯培养物，也称二级种。

3.4　栽培种

由原种移植、扩大培养而成的菌丝体纯培养物，也称三级种。栽培种只能用于栽培，不可再次扩大繁殖菌种。

3.5　拮抗现象

具有不同遗传基因的菌落间产生不生长区带或形成不同形式线形边缘的现象。

3.6　角变

因菌丝体局部变异或感染病毒而导致菌丝变细、生长缓慢、菌丝体表面特征呈角状异常的现象。

3.7 锁状联合

为双核细胞形成分裂产生双核菌丝体的一种特有形式，常发生在菌丝顶端，开始时在细胞上产生突起，并向下弯曲，与下部细胞连接，形如锁状。

3.8 高温抑制线

食用菌菌种在生长过程中受高温的不良影响，培养物出现的圈状发黄、发暗或菌丝变稀弱的现象。

3.9 生物学效率

单位数量培养物的干物质与所培养产生出的子实体干重之间的比率。

3.10 种性

毛木耳的品种特性，是鉴别毛木耳菌种或品种优劣的重要标准之一。一般包括对温度、湿度、酸碱度、光线和氧气的要求，抗逆性、丰产性、稳定性、出耳迟早、出耳潮数、栽培周期、质地等。

4 产品分类

毛木耳菌种按用途不同分为母种（一级种）、原种（二级种）、栽培种（三级种）3类。

5 要求

5.1 菌种种性要求

毛木耳母种、原种需经出耳试验确定其农艺性状和商品性状等种性合格后，方可用于扩大繁殖或出售。

5.2 菌种生物学要求

菌种生物学要求应符合表1规定。

表 1　菌种生物学要求

项　目	要　求
锁状联合	有
杂　菌	无
害　虫	无

5.3　母种

5.3.1　容器规格　应符合 NY／T528—2002 中 4.7.1.1 规定。

5.3.2　感官要求　应符合表 2 规定。

表 2　母种感官要求

项　目	要　求
容　器	完整，无破损
棉塞或硅胶塞	干燥、洁净、圆整、大小松紧适度、能满足透气和滤菌要求
培养基斜面长度	顶端距棉塞或硅胶塞 40～50 毫米
菌丝生长量	长满斜面或占斜面 2/3 以上
菌丝体表面特征	粗壮洁白、整齐浓密、茸毛状、均匀、无角变、无菌皮
菌丝分泌物	接种块周围稍有茶褐色斑块或没有
斜面背面外观	培养基不干缩，颜色均匀、有茶褐色色素或没有
杂菌菌落	无
拮抗现象	无
子实体原基	少量或无
气　味	有毛木耳菌种特有的香味，无酸、臭、霉等异味

5.3.3　母种生物学要求应符合表 1 规定。

5.3.4　在 PDA 培养基上，在 25℃±3℃条件下培养，菌丝长满斜面的时间为 12 天以内。

5.4　原种

5.4.1　容器规格　应符合 NY/T 528—2002 中 4.7.1.2 规定或 14 厘米×28 厘米聚丙烯或聚乙烯塑料袋规格。

5.4.2　感官要求　应符合表 3 规定。

表 3　原种感官要求

项　目	要　求
容　器	完整，无破损
棉塞或无棉塑料盖	干燥、洁净，圆整、大小松紧适度，能满足透气和滤菌要求
培养基上表面距瓶口的距离	50 毫米 ± 5 毫米
菌丝生长量	长满容器或占容器 2/3 以上
菌丝体特征	洁白均匀、致密，无角变，无高温抑制线，无菌皮
培养基及菌丝体	紧贴瓶（袋）壁，有爬壁，无干缩
培养物表面分泌物	少量或无
杂菌菌落	无
拮抗现象	无
子实体原基	少量或无
气　味	有毛木耳菌种特有的香味，无酸、臭、霉等异味

5.4.3　原种生物学要求应符合表 1 规定。

5.4.4　在适宜培养基上，在 25℃ ± 3℃ 条件下培养，菌丝长满容器的时间为 40 天以内。

5.5　栽培种

5.5.1　容器规格　应符合 NY/T 528—2002 中 4.7.1.3 规定。

5.5.2　感官要求　应符合表 4 规定。

表 4　栽培种感官要求

项　目	要　求
容　器	完整，无破损
棉塞或无棉塑料盖	干燥、洁净、大小松紧适度，能满足透气和滤菌要求
培养基上表面距瓶口的距离	50 毫米 ± 5 毫米

续表 4

项　目	要　求
菌丝生长量	长满容器或占容器 2/3 以上
菌丝体特征	洁白均匀、致密，无菌皮，无角变，无高温抑制线
培养基及菌丝体	紧贴瓶（袋）壁，略有爬壁，无干缩
培养物表面分泌物	少量或无
杂菌菌落	无
拮抗现象	无
子实体原基	少量或无
气　味	有毛木耳菌种特有的香味，无酸、臭、霉等异味

5.5.3　栽培种生物学要求应符合表 1 规定。

5.5.4　在适宜培养基上，在 25℃±3℃条件下培养，菌丝长满容器的时间为 35 天以内。

6　试验方法

6.1　抽样

6.1.1　母种按品种、接种时间分批编号，原种、栽培种按菌种来源、制种方法和接种时间分批编号。按批随机抽取被检样品。

6.1.2　母种、原种、栽培种的抽样量分别为该批菌种量的 10%、5%、1%。但每批抽样数量不得少于 10 支（瓶、袋）；超过 100 支（瓶、袋）的，可进行两级抽样。

6.2　菌种种性要求

将被检菌种制成栽培种。在附录 B 中任选一个配方，将含水量提高至 60%。制作培养袋 45 袋。接种后分 3 组进行常规管理，根据表 5 所列项目，做好栽培记录，统计检验结果。同时，将该菌种的出发菌株设为对照，亦做同样处理。对比二者的检验结果。项目中，被检菌种的任何一项时间较对照菌株推迟 5 天以上（含 5 天）者，为不合格；产量显著低于对照菌株者，为不合格；耳体外观形态与对照明显不同或畸形者吗，为不合格。

表 5　菌种种性试验记录

项　目	结　果	项　目	结　果
母种长满所需时间（天）		总产（克）	
原种长满所需时间（天）		平均单产（克）	
栽培种长满所需时间（天）		生物学效率（%）	
菌袋长满所需时间（天）		朵形、背面茸毛、质地、色泽	
出第一潮耳所需时间（天）		耳片直径（厘米），耳片厚度（毫米）	
第一潮耳产量（克）			

6.3　菌株生物学要求

6.3.1　表 1 中菌丝生长状态、锁状联合和害虫用放大倍数不低于 10×40 的光学显微镜对培养物的水封片进行观察，每一检样应观察不少于 50 个视野。

6.3.2　取少量疑有细菌污染的培养物，按无菌操作接入 GB/T 4789.28—2003 中 4.8 规定的营养肉汤培养液中，在 37℃条件下振荡培养 1～2 天，观察培养液是否有浑浊。培养液浑浊，为有细菌污染；培养液澄清，为无细菌污染。

6.3.3　取少量疑有霉菌污染的培养物，按无菌操作接种于 PDA 培养基（见本标准附录 A.1）中，在 25～28℃条件下培养 5～7 天，培养基上出现霉菌菌落者为受霉菌污染，如不能确定，可按 6.3.1 进行水封片镜检。

6.4　感官要求

感官要求试验方法按表 6 逐项进行。

表 6　感官要求试验方法

检验项目	检验方法	检验项目	检验方法
容器	肉眼观察	培养基上表面距离瓶（袋）口的距离	肉眼观察
棉塞、无棉塑料盖、硅胶塞	肉眼观察	菌种外观各项（杂菌菌落除外）	肉眼观察
母种斜面长度	肉眼观察	杂菌菌落	肉眼观察，必要时用 5 ×放大镜观察
母种斜面背面外观	肉眼观察	气味	鼻嗅

6.5　菌丝生长速度

6.5.1　在 PDA 培养基上，在 25℃±3℃条件下培养，测定母种菌丝长满斜面的天数。

6.5.2　采用本标准附录 A.2 规定的配方任选之一，在 25℃±3℃条件下培养，测定原种或栽培种菌丝长满容器的天数。

6.6　留样

各级菌种要留样备查，留样的数量应每个批号母种 5～10支（瓶），于 15℃±2℃条件下贮存，贮存时间为母种 5 个月，原种为 4 个月，栽培种 3 个月。

7　检验规则

7.1　组批

同一产地、同一批次、同等级作为一个检验批次。

7.2　判定规则

判定规则按要求指标进行。检验项目全部符合要求指标时，为合格菌种，其中任何一项不符合要求，均为不合格菌种。

8　标签、标志、包装、运输、贮存

8.1　标签

8.1.1　产品标签

每支（瓶、袋）菌种要贴有清晰注明以下标示的标签。

a）品种名称（如毛木耳 2 号）；

b）菌种级别（如母种）；

c）生产单位（如××菌种厂）；

d）接种日期（如××年×月×日）；

e）执行标准。

8.1.2 包装标签

每箱菌种要贴有清晰注明以下要素的包装标签：

a）品种名称、产品级别；

b）厂名、厂址、联系电话；

c）出厂日期；

d）贮存条件、保质期；

e）数量；

f）执行标准；

g）菌种生产经营许可证编号。

8.2 储运标志

储运图示应按 GB/T 191 规定，并注明以下图示标志：

a）小心轻放标志；

b）防水、防潮、防震标志；

c）防晒、防高温标志；

d）防止倒置标志；

e）防止重压标志。

8.3 包装

8.3.1 母种外包装采用木盒或有足够强度的纸箱，内部用棉花、碎纸、报纸等具有缓冲作用的轻质材料填满。

8.3.2 原种、栽培种外包装采用有足够强度的纸材质做的纸箱，并留有通气孔。菌种间用碎纸、报纸等具有缓冲作用的轻质材料填满。纸箱上部和底部用胶带封口，并用打包带捆扎。箱内附产品合格证和使用说明（包括菌种种性、培养基配方及使用范围）。

8.4　运输

8.4.1　不得与有毒、有害、有污染、有异味的物品混装混运，不得挤压。

8.4.2　在低于30℃条件下运输。

8.4.3　运输过程中须有防震、防晒、防雨淋、防冻防杂菌污染的措施。

8.5　贮存

8.5.1　母种在15℃±2℃条件下贮存，贮存期不超过90天。

8.5.2　原种、栽培种菌丝长满后，若短期不用，应置于阴凉干燥、通风避光、清洁卫生的室内贮存，保质期不超过1个月。老化出水后即弃除。

附录A

（规范性附录）

母种、原种和栽培种常用培养基及其配方

A.1　母种常用培养基及其配方

A.1.1　PDA培养基（马铃薯葡萄糖琼脂培养基）

马铃薯200克（煮出液），葡萄糖20克，琼脂20克，水1 000毫升，pH值自然。

A.2　原种和栽培种常用培养基及其配方

A.2.1　木屑培养基

阔叶树木屑85%，麦麸12%，轻质碳酸钙2%，石膏1%。含水量55%±2%。

A.2.2　木屑棉籽壳培养基

阔叶树木屑57%，棉籽壳35%，麦麸5%，轻质碳酸钙2%，石膏1%。含水量55%±2%。

六、福建省地方标准
（毛木耳栽培技术规范　DB 35/T 659—2006）

（2006-03-10 发布，2006-04-01 实施）

前　言

为规范毛木耳栽培技术，制定本标准。

本标准由福建省农业厅提出。

本标准由福建省质量技术监督局批准。

本标准起草单位：福建省食用菌工作室。

本标准主要起草人：黄志龙、郑立威、肖淑霞、陈志、王昕、陈亨焕。

1　范围

本标准规定了毛木耳栽培的耳场要求、原料要求、制袋工艺、栽培管理、病虫害防治、采收管理。

本标准适用于毛木耳自然季节下人工袋式栽培。

2　规范性引用文件

下列文件中的条款通过本标准的引用而成为本标准的条款。凡是注日期的引用文件，其随后所有的修改单（不包括勘误的内容）或修订版均不适用于本标准，然而，鼓励根据本标准达成协议的各方研究是否可使用这些文件的最新版本。凡是不注日期的引用文件，其最新版本适用于本标准。

GB 5749　生活饮用水卫生标准

HG 2940—2000　饲料级轻质碳酸钙

NY/T 119—1989　麦麸

3　耳场要求

3.1　基本要求

3.1.1　场地选择

建立耳棚应选择地势高燥、通风向阳、平坦开阔的空旷场地。要求周边环境干净卫生，给排水方便，通风良好，交通便利，无污染源的场所。

3.1.2　耳棚要求

3.1.2.1　应有利于毛木耳的生长发育，便于栽培管理和采收管理。

3.1.2.2　应保持耳棚内外清洁卫生，降低病虫害发生率。

3.1.2.3　耳棚建筑应具有保温、耐用、隔热效果好等特点，棚顶应有覆盖物，具有防雨、遮阴、挡风等基础设施，所用材料均应无毒、无害、无挥发性刺激成分，应符合国家的相关卫生安全标准。

3.2　耳场分区与布局

3.2.1　堆料场与仓库

设置在便于车辆进出的位置，处在下风向。

3.2.2　制袋区

有遮雨大棚，取料快捷方便。

3.2.3　灭菌区

紧靠制袋区，设有配套的附属建筑。

3.2.4　接种区

应在上风向，紧靠灭菌区。区内可划出部分区域作为冷却区。

3.2.5　培养区

应在上风向，紧靠接种区。

3.2.6　栽培区

应远离接种区和培养区，并留有相对较大的运转空地。

4　原料要求

毛木耳栽培使用的原料，主料为杂木屑、棉籽壳等，辅料为麦麸、轻质碳酸钙、石膏、石灰、水等。

4.1　杂木屑

适合毛木耳生长的阔叶树种的木屑。

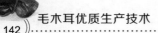
4.2 棉籽壳

应新鲜、干燥，颗粒松散，色泽正常，无霉烂、无结团、无异味、无混杂物。

4.3 麦麸

应符合 NY/T 119 的要求。

4.4 轻质碳酸钙

应符合 HG 2940 的要求。

4.5 石膏、石灰

应符合国家相关产品标准要求。

4.6 水

应符合 GB 5749 规定的要求。

5 制袋工艺

5.1 制袋时间

根据当地气候和地理环境选择适宜的制袋时间。

5.2 栽培袋制作工艺流程图

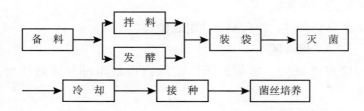

5.3 技术要求

5.3.1 培养基推荐配方

5.3.1.1 黄背毛木耳配方：杂木屑 48%、棉籽壳 30%、麦麸 20%、石膏 2%。

5.3.1.2 白背毛木耳配方：杂木屑 85%、麦麸 12%、轻质碳酸钙 2%、石灰 1%。

5.3.2 备料

按培养基配方比例准备好各项原辅材料，杂木屑至少要提前

3 个月进场堆积处理。根据不同栽培模式准备不同规格的聚乙烯或聚丙烯塑料袋，长袋栽培使用 55 厘米×15 厘米规格，短袋栽培使用 33 厘米×17 厘米规格。

5.3.3 拌料

将原辅材料混合拌匀，常规栽培培养料含水量应控制在 60% 左右，发酵料栽培培养料发酵前含水量应控制在 65% 左右，发酵后含水量应控制在 60% 左右。

5.3.4 发酵

料混匀后堆成高 1～1.1 米，长、宽由栽培量和场所决定，发酵周期 15 天，期间要翻堆 3 次，分别在建堆后第 5 天、9 天、12 天进行，每次翻堆前 1 天在发酵料面上每隔 1～1.5 米处插孔洞通气。发酵结束后，料中间有一层白色的放线菌，料的外观为均匀一致的深褐色，没有氨气、醛类等不良气味。

5.3.5 装袋

拌料或发酵后培养料填装到塑料袋中压实，紧实适中，并尽早进锅灭菌。

5.3.6 灭菌

采用高压或常压方式进行灭菌。

5.3.7 冷却

灭菌后的栽培袋移放到预先消毒的冷却室或接种室中，待冷却至 28℃以下接种。

5.3.8 接种

5.3.8.1 应使用菌丝满袋（瓶）后 5～10 天的菌种。

5.3.8.2 接种应严格按照无菌操作规程进行。

5.3.8.3 每瓶（袋）栽培种接种量，短袋栽培为 20～30 袋，长袋栽培为 15～20 袋。

5.3.9 菌丝培养

5.3.9.1 培养场所应预先清洗消毒。

5.3.9.2 接种后的栽培袋排放在黑暗的培养场所内，温度保持在 25℃±3℃，空气相对湿度控制在 75% 以下，培养后期应增加通风量和增强光线。

5.3.9.3　接种 1 周后应经常排查栽培袋，观察菌丝生长情况。发现污染袋，应及时将其清理出培养场所。

6　栽培管理

6.1　排袋方式

以墙式栽培为主，吊袋式栽培和斜立式栽培为辅。

6.1.1　墙式栽培

栽培袋在耳棚内堆叠成墙式进行出耳。

6.1.2　吊袋式栽培

用塑料绳串起栽培袋进行出耳。

6.1.3　斜立式栽培

将栽培袋斜靠在畦床上进行出耳。

6.2　开袋方式

6.2.1　两头出耳法

适用于短袋墙式栽培，具体做法：一头袋口用小刀离料面 4～5 厘米处从上往下往里割塑料袋，割完袋口的栽培袋半中央上方留有 4～5 厘米的薄膜，另一头待头潮耳进入成熟期后，用小刀在袋底对角开 2 个 2 厘米左右的"＋"形或"V"形孔口。

6.2.2　两边出耳法

适用于长袋墙式栽培，具体做法：在栽培袋一边墙面上，用小刀划 3 个"＋"形或"V"形孔口，孔口距离约 15 厘米，另一边墙面上，用小刀划 4 个"＋"形或"V"形孔口，孔口距离约 10 厘米，上下栽培袋同边的孔口不同。

6.2.3　四周出耳法

适用于吊袋式栽培和斜立式栽培，具体做法：用小刀在栽培袋上划"＋"形或"V"形孔口，孔口距离 15～20 厘米，孔口数要视栽培袋长短而定，长袋划 10～15 个，短袋划 3～4 个。

6.3　管理要点

6.3.1　卫生管理

6.3.1.1　搞好栽培环境卫生，栽培前应预先打扫卫生、消毒耳棚。

6.3.1.2　每次采耳后应清除栽培袋上残基和地面上掉落的残耳。

6.3.1.3　每批毛木耳生产完毕，应及时清理废袋和耳棚，重新消毒菇房。

6.3.2　湿度管理

6.3.2.1　喷水应掌握晴天多喷水、雨天少喷水或不喷水，耳少耳小少喷水、耳多耳大多喷水以及干干湿湿的原则。

6.3.2.2　开袋后7天向棚内空间及地上喷水，空气相对湿度保持80%～85%，随着耳基的分化和生长可慢慢加大喷水量，但耳棚相对湿度不得高于95%。

6.3.2.3　当耳片边缘出现反卷时，可减少喷水量，直到采收前可视情完全停止喷水。

6.3.2.4　喷水宜用雾状水，同时要勤、轻，尽可能向地面和空间喷，保持耳片湿润状态。

6.3.3　温度管理

6.3.3.1　毛木耳生长阶段控制在13～30℃，以15～25℃为最佳。

6.3.3.2　当棚温高于26℃时，耳片生长快，但品质差，应采取措施降低耳棚温度。

6.3.3.3　当棚温低于10℃时，耳片基本上停止生长，应采取措施提高耳棚温度。

6.3.4　通风管理

耳棚内应保持良好的通风环境，特别是耳基形成后，若通风不良，耳片不易展开。当耳棚温度高于30℃时，应早、晚通风；当耳棚温度低于15℃时，应中午通风。

6.3.5　光线管理

耳棚内光照应以40～500勒为宜。

7 病虫害防治

7.1 原则

做好预防工作,降低病虫害发生率。

7.2 菌丝培养阶段

7.2.1 培养初期培养料发生杂菌感染,应重新灭菌、接种。

7.2.2 培养后期培养料底部发生局部杂菌感染,可继续留用出耳。

7.2.3 培养中期培养料发生严重杂菌感染,要拿到远处烧毁。

7.2.4 栽培袋棉塞发生红色链孢霉感染,应及时移出培养场所隔离管理,避免交叉感染。

7.3 出耳阶段

7.3.1 栽培袋出现局部杂菌感染,可用石灰抹涂感染部位,继续出耳。

7.3.2 栽培袋杂菌感染较严重者,应取出烧毁,以免影响其他栽培袋。

7.3.3 应保持耳棚干干湿湿状态,防止高湿引起的病害。

7.3.4 耳棚四周应加装防虫网,耳棚内使用黑光灯诱杀害虫,如发现虫蝇时还应保持耳棚黑暗。

7.3.5 不得向耳片喷洒任何化学药剂。

8 采收管理

8.1 采收适期

毛木耳的耳片大小、厚度、色泽达到产品标准即可采收。

8.2 采收方法

采收时一手拿着剪刀一手托着耳片从耳蒂头处剪下。

8.3 采后管理

8.3.1 采收后应清理料面上的死耳和烂耳以及耳棚内卫生。

8.3.2 采收后应及时清理蒂头,并按不同用途进行处理。

8.3.3 每批耳采后,应停止喷水 3～5 天进行养菌,重新喷水管理出耳。

参考文献

［1］陈彩贤，黄艳花，覃连红，等．不同配比的糖醋液对食用菌害虫菇蝇及粪蚊的诱杀效果［J］．食用菌，2009（4）：64-66.

［2］李建麟．白背毛木耳无公害栽培技术［J］．福建农业科技，2007（2）：35-36.

［3］李勇，汪彩云．丰县白背毛木耳的高效栽培管理技术［J］．食药用菌，2013，21（1）：45-48.

［4］李勇，杨峰，樊继德，等．徐州地区毛木耳丰产栽培技术［J］．中国蔬菜，2014（3）：85-86.

［5］李萌，孙兵，李烨，等．食用菌病虫害的综合防治技术［J］．吉林蔬菜，2013（8）：28-29.

［6］李银环，王苗苗．食用菌病虫害防治技术［J］．农家之友（理论版），2009（11）：81-82.

［7］赖宝春，蔡衍山．漳州白背毛木耳出口基地螨类综合防治技术［J］．中国食用菌，2009，28（1）：58-59.

［8］牛贞福，岳凤丽，国淑梅，等．不同培养料和出耳模式对毛木耳产量、品质影响的研究［J］．吉林农业科学，2014，39（2）：83-86.

［9］宋金梯，马林，曲绍轩．食用菌病虫害识别与防治原色图谱［M］．北京：中国农业出版社，2013.

［10］沈丛微，罗霞，江南，等．毛木耳补血作用的试验研究［J］．时珍国医国药，2012，23（7）：1674-1675.

［11］王伟，陈凡，王玉玲．毛木耳多糖提取工艺的研究

［J］. 漳州师范大学学报（自然科学版），2009（3）：121-124.

　［12］汪彩云，李勇. 马陆危害毛木耳耳片的调查与防治建议［J］. 中国蔬菜，2010（19）：28-29.

　［13］夏建平，刘勇勇，夏建美，等. 白背毛木耳高产高效栽培关键技术［J］. 蔬菜，2012（12）：17-19.

　［14］叶从文，叶锦蕊，郑继发. 毛木耳的发展前景与高效栽培［J］. 食药用菌，2012，20（1）：41-43.

　［15］叶小兴. 白背毛木耳高产优质栽培技术［J］. 农业与技术，2015，35（6）：119.

　［16］张丹，郑有良. 毛木耳（*Auricularia polytricha*）的研究进展［J］. 西南农业学报，2004，17（5）：668-673.

　［17］张有根，边银丙. 不同杀菌剂对毛木耳菌丝体及油疤病病原菌的作用［J］. 食用菌学报，2013（2）：64-68.

　［18］赵爽，布达，刘宇，等. 毛木耳菌丝体营养优势菌株的筛选研究［J］. 中国食用菌，2011，30（5）：8-9.